高等医学院校教材

正常人体学实验指导

（供非临床类医学相关本科专业使用）

—— 主 编 ——

顾春娟　王红卫

上海科学技术出版社

图书在版编目(CIP)数据

正常人体学实验指导 / 顾春娟,王红卫主编. —上海:
上海科学技术出版社,2017.8(2019.2 重印)
高等医学院校教材:供非临床类医学相关本科专业使用
ISBN 978-7-5478-3633-0

Ⅰ.①正…　Ⅱ.①顾…②王…　Ⅲ.①人体科学-医
学院校-教学参考资料　Ⅳ.①Q98

中国版本图书馆 CIP 数据核字(2017)第 160796 号

正常人体学实验指导
主编　顾春娟　王红卫

上海世纪出版股份有限公司
上海科学技术出版社　出版
(上海钦州南路 71 号　邮政编码 200235)
上海世纪出版股份有限公司发行中心发行
200001　上海福建中路 193 号　www.ewen.co
苏州望电印刷有限公司印刷
开本 787×1092　1/16　印张 12.75
字数:300 千
2017 年 8 月第 1 版　2019 年 2 月第 3 次印刷
ISBN 978-7-5478-3633-0/R·1396
定价:98.00 元

正 常 人 体 学 实 验 指 导

编委会名单

正 常 人 体 学 实 验 指 导

前 言

2015 年 9 月，为适应上海健康医学院的应用型、特色型、国际化的本科办学特色，针对医学相关本科专业，如护理、康复、检验、医学影像、药学等专业，我们把人体解剖学、组织与胚胎学、生理学、生物化学等课程进行整合，开设《正常人体学》整合式课程。2016 年 5 月，《正常人体学》教材编写组在校本教材《正常人体学》的基础上，联合上海杉达学院部分老师编写完成《正常人体学》教材，作为医学相关本科专业的教科书。

正常人体学是一门由实践发展起来的基础医学整合式课程，根据教学计划安排，实验课程约 60 学时，占总学时的 1/3。为配合《正常人体学》的实验教学，我们编写了适合本科教学的《正常人体学实验指导》。

本指导分为上、中、下 3 篇，上篇为实验概述，介绍正常人体学实验的教学目的、要求、实验报告书写要求、实验室守则、常用实验动物和动物实验技术、常用机能学设备、分子生物学和基础医学互动学习中心设备。中篇为实验项目，以整合式的人体系统为中心展开，分为 13 个系统或单元的实验。每个实验均有若干任务，学生在完成相应任务后，通过想一想，既掌握相应知识点、技能点，又拓展思路。全篇还有多个案例供教师选择，用于实验课堂讨论。下篇为综合性实验，是在基本实验基础上的提高，若干综合性实验、设计性实验、学生创新实验课程等内容，使"理实一体"的教学理念更加实至名归。本实验指导中百余幅制作精良的彩色插图，使初次接触人体奥秘的学生更易掌握正常人体知识和技能。

本实验指导由上海健康医学院和上海杉达学院长期从事正常人体学理论与实验教学的资深老师组成《正常人体学实验指导》编委会。上海健康医学院顾春娟团队主要负责实验概述、综合性实验和部分实验项目的编写，上海杉达学院赵珠峰团队主要负责部分实验项目的编写。本书编写过程中得到上海交通大学医学院外聘教授团队丁文龙、冯京生、高惠宝教授的精心指导，在此深表谢意。

由于我们水平有限，时间仓促，难免有不恰当甚至错误之处，敬请同仁及使用本教材的教师和学生批评指正，以便再版时及时更正。

《正常人体学实验指导》编委会
2017.6

目 录

上 篇
实 验 概 述

中　篇
实　验　项　目

下　篇

综合性实验

上篇

实验概述

第一章

绪　论

第一节　正常人体学实验的教学目的和学习要求

一、正常人体学实验的教学目的

基础医学可以分为形态结构和功能两类。学生在学习疾病状态下的结构和功能改变之前,必须先了解人体正常的结构和功能。正常人体学是研究构成人体正常的组织、器官和系统的形态结构、功能及其变化规律。这门学科包含了解剖学、组织胚胎学、生理学、生物化学等医学基础学科。由于这几门学科都是通过前人的实验逐渐完善起来的,因此与医学密切相关专业的学生必须进行正常人体学实验课程的训练。

正常人体学实验课程的开设是正常人体学教学任务和本科医学相关专业培养目标的需要。适合这些专业的正常人体学实验课程的编制原则和内容设置将体现"做学合一、理实一体"的教学理念。通过该课程的开设能够激发学生对医学基础课程学习的兴趣,提高学生观察、分析和解决问题的综合能力,推动实验课程教学质量的提高,促进学生掌握基础医学知识和操作技能,为今后专业课程的学习奠定扎实的基础。

二、正常人体学实验的学习要求

通过本课程学习要求学生达到以下要求。

第一,初步掌握基础医学实验技术的基本操作和技能。学会通过显微镜观察正常的组织切片,学会观察正常的大体标本、模型,学会基本的功能实验方法(如血压测定、描记心电图、简单动物模型的制备、常用给药方法和给药后常用指标的观察和分析等)、实验结果的记录和分析、实验报告的书写。

第二,在教师指导下,开展自主设计性实验教学,进一步培养学生动手能力、综合分析和解决问题的能力与创新能力,为后期专业实验课程的学习与开展科学研究奠定良好的基础。

(一)实验前

(1)认真预习相关的实验内容,了解本次实验的目的、要求、方法和操作程序,理解实验原理。

(2)复习和查阅与实验有关的理论知识、文献资料,思考和推测实验过程中可能出现的实验结果,及其发生的机制。

（3）检查实验器材和药品是否齐全。

（4）要注意和充分估计实验中可能发生的误差和技术难点,并做好补救准备。

（二）实验时

（1）小组成员应有较明确的分工,并应注意成员间的合作与协调,使每人都能得到应有的技能训练。

（2）严格遵守实验室规则,保持安静和良好的实验课秩序,尊重教师的指导。

（3）学生应在实验中坚持严格、严谨、实事求是的科学态度,按照既定的实验原理与程序,认真、正规、准确地进行技术操作,杜绝粗心马虎、违反操作规程进行实验。因为在实验中,只要稍有疏忽就会导致整个实验失败。

（4）要仔细、耐心地观察实验过程中出现的每一个现象,并及时、准确、客观地记录,同时要密切联系课堂理论或查阅文献进行科学思维,力求理解每一个操作步骤和每一个现象的意义。例如,①动物发生什么现象？②为什么会出现这种现象？③这种现象有什么生物学意义？

（5）要注意尽量减少对实验动物不必要的伤害。

（6）实验器材的放置要整齐、稳当、有条不紊,保持实验台桌面整洁。

（7）爱护实验器材,节约药品和试剂,减少不必要的浪费。

（三）实验后

（1）仪器和试剂需要清点,并放置在原处。应清洗的物品必须及时清洗干净。每个实验组,应保持实验台桌面的干净和整洁。

（2）认真整理和分析实验结果。

（3）按时完成实验报告,交老师评阅。

第二节　实验报告的书写要求

实验报告的书写是一项重要的基本技能训练,是科学研究、论文写作的基础,应当实事求是、认真准确地书写。

参与实验的每位同学均应按教师要求写出实验报告。实验报告的书写应文字简练、语句通顺,具有较强的逻辑性和科学性,字迹清楚。

实验报告的内容,应包括如下的项目。

（1）一般项目:姓名、年级、班组、实验日期(年、月、日)。

（2）实验题目。

（3）参与实验的人员和小组成员。

（4）实验对象(人或动物,或组织切片,或大体标本,或模型)。

（5）简要概括主要实验手段和方法。

（6）实验观察指标、现象及其结果的记录。

（7）结果分析或讨论:实验结果的分析和讨论是根据已知的理论知识对结果进行解释和分析。讨论内容应包括:①以实验结果为论据,论证实验目的,即判断实验结果是否为预期的结果。②实验结果揭示了哪些新问题？是否出现了非预期结果？对此应分析其可能的原因。③实验结果有哪些意义？

(8) 结论：实验结论一般不要罗列具体的结果，而应从实验结果中归纳提炼出概括性的判断和总结。

第三节　实验室守则

为了实验的顺利进行和达到实验的教学目标，学生在实验室学习期间，必须遵守实验室的各项规章制度。

(1) 进入实验室，必须穿好干净整洁的白大衣或护士服，始终保持自身良好的仪态。实验室内需保持安静和严肃的科学作风，不得无故迟到和早退。

(2) 实验开始前，按实验小组凭学生证向有关老师领取实验用品，仔细核查有无缺损，并妥善保管。

(3) 正式操作前，要仔细检查核对所用标本模型、切片、药品和其他实验用品。实验中注意节约药品和耗材，爱护仪器设备、标本模型、切片和动物。保持显微镜镜头的清洁，不要用手触摸镜头。

(4) 实验完毕后必须将器材洗净擦干，清点药品、手术器械、标本模型、切片、显微镜等实验用品，并按借来时的原样整齐地放置各个用品，归还给实验室老师并索回学生证。

(5) 实验后按照老师指定的顺序，各组轮流打扫实验室卫生，特别要注意水、电、煤气是否关闭，确保实验室安全。

(6) 实验后，将实验动物按规定方法处死，放置于指定的容器，切勿玩弄、虐待或带走实验动物。实验后的有毒、有害药品和可能造成人身伤害的器材如针头、手术刀片等必须放置到老师指定的地方。

(7) 对在实验过程中造成实验器材、设备损坏的，必须如实登记，说明原因并签字；对玩弄实验设备、器材而造成损坏的，需写情况报告，并酌情赔偿。

(8) 实验结束后，都要按要求书写实验报告，于下一次实验课前交给指导老师批改。

第二章

常用实验动物和动物实验技术基础

第一节　常用实验动物

一、常用实验动物的介绍

机能学实验常以动物实验为主,但采取何种动物是决定实验成功与否的关键。目前用于生物医学科学研究的实验动物种类很多,其中最常用和用量最大的是哺乳纲啮齿目动物,如小鼠、大鼠、豚鼠等,其次是兔形目和食肉目的兔、犬、猫等。虽然非人灵长类动物在生物进化及解剖结构等方面都与人十分接近,是医学研究领域中理想的实验动物,但是由于其数量有限,繁殖较慢,价格昂贵,饲养管理费用高,所以在使用中受到一定限制。实验动物的选择应针对实验目的,以及动物的生物学特性给予考虑,如蟾蜍为两栖类动物,生存环境比较简单,常用于制备离体灌流,神经肌肉标本以及进行反射弧分析、肠系膜微循环观察等生理实验;兔的减压神经在颈部与迷走、交感神经分开行走而单成一束,便于研究减压神经与心血管活动的关系;豚鼠的前庭器官、听觉器官较敏感,且乳突部骨质较薄,常用于内耳迷路破坏实验及微音器效应观察。下面就机能学实验常用的实验动物,对其生物学特性逐一进行简介。

(一) 蟾蜍

蟾蜍属于两栖纲,无尾目。由于进化较低,其离体标本(如心脏、腓肠肌等)能在较长时间内保持着自律性和兴奋性,而且其容易获得和价格便宜,故而经常被用于药物对心脏的影响、反射弧分析以及肌肉收缩等机能学实验中。

(二) 小鼠

生命科学研究中常用的小鼠是野生鼷鼠的变种,在生物分类学上属于哺乳纲啮齿目鼠科鼠属。小鼠是啮齿目中体型较小的动物。新生小鼠 1.5 g 左右,周身无毛,皮肤赤红,21 日断乳时体重为 12~15 g,1.5~2 月龄体重达 20 g 以上,可供实验使用。小鼠发育成熟时体长小于 15.5 cm,雌小鼠成年体重 18~35 g,雄鼠成年体重 20~40 g。小鼠成熟早,繁殖力强,寿命 1~3 年。

(三) 大鼠

实验大鼠属脊椎动物门哺乳纲啮齿目鼠科大鼠属。大鼠体型较小,遗传学和寿龄较为一致,对实验条件反应也较为近似,常被誉为精密的生物工具。新生大鼠重 5~6 g,成年体重雄鼠为300～400 g,雌鼠为250～300 g。大鼠性情温顺,行动迟缓,易捕捉,不似小鼠好斗。但受惊吓或捕捉方法粗暴时,也很凶暴,常咬人。大鼠成熟快,繁殖力强,寿命依品系不同而异,平均为2.5～3 年,40～60 日性成熟。大鼠(包括小鼠)心电图中没有 S-T 段,甚至有的导联也测不到 T 波。

(四)豚鼠

豚鼠,属哺乳纲啮齿目豚鼠科豚鼠属。豚鼠又被称作荷兰猪、天竺鼠、土拨鼠等。属草食动物,豚鼠性情温顺,胆小,耳蜗管发达,听觉灵敏,对外界刺激极为敏感。豚鼠的生理生化值,常随年龄、品系、性别、环境和测定方法的不同而有很大差异;豚鼠的体温调节能力较差,对环境温度的变化较为敏感,饲养豚鼠的最适温度为 18～20 ℃;豚鼠体内缺乏维生素 C 合成酶,自身不能合成维生素 C,需从外界完全补给。豚鼠对抗生素敏感,尤其是青霉素以及杆菌肽、红霉素、金霉素等,轻者发生肠炎,重者造成死亡。

(五)家兔

家兔属兔形目兔科。生物医学研究中常用的家兔均为欧洲兔的后代,使用最多的有新西兰兔、大耳白兔、青紫兰兔、荷兰兔、弗莱密西兔。家兔为草食性动物,性情温顺,胆小易惊,善居安静、清洁、干燥、凉爽、空气新鲜的环境,耐冷不耐热,耐干不耐湿。

家兔耳大,表面分布有清晰的血管。嘴小,喉部狭窄,气管插管困难,在进行吸入麻醉时易导致喉痉挛。心脏传导组织中几乎没有结缔组织,主动脉窦无化学感受器,仅有压力感受器。而减压神经即主动脉神经与迷走神经、交感神经干完全分开。家兔单胃,胃常处于排空状态,不会呕吐,盲肠发达,约占腹腔 1/3,小肠的吸收功能与人、豚鼠一样,不能透过大分子物质;家兔体温的正常范围为 38.5～39.5 ℃;家兔静态时以腹式呼吸为主,每分钟 20～120 次。

二、常用实验动物的捉持和固定

动物的捉持和固定是进行动物实验的基本操作之一,正确的捉持固定动物是为了不损害动物健康,不影响观察指标,并防止被动物咬伤,保证实验顺利进行。下面介绍几种常用动物的捉持和固定方法。

1. 家兔的捉拿和固定

(1) 家兔的捉持:家兔习性温顺,不会咬人,除脚爪锐利应避免被其抓伤外,较易捕捉。拿时切忌以手提抓兔耳、拖拉四肢或提拿腰背部。正确捉持家兔的方法(图 1-2-1)是:右手抓住颈背部皮肤,轻提动物,左手托其臀部,使家兔的体重主要落在左手掌心,家兔呈坐位姿势。家兔两耳虽长易捉,但不能承受全身重量,若伤了两耳会影响静脉注射。

(2) 家兔的固定:家兔的固定依不同的实验需要,常用兔盒或兔台固定。

1) 兔盒固定:用于耳血管注射、取血或观察耳部血管的变化等。此时可将家兔置于木制或铁皮制的兔固定盒内(图 1-2-2)。

2) 兔台固定:在需要观察血压、呼吸和进行颈、胸、腹部手术时,应将家兔以仰卧位固定于兔手术台上。固定方法是:先以 4 条 1 cm 宽的布带做成活的圈套(图 1-2-3a),分别套在家兔的四肢腕或距小腿关节上方,抽紧布带的长头,将家兔仰卧位放在兔手术台上,再将头部用兔头固定器固定,然后将两前肢放平直,把两前肢的系带从背部交叉穿过,使对侧的布带压住本侧的前肢,将四肢分别系在兔手术台的木柱上(图 1-2-3b)。

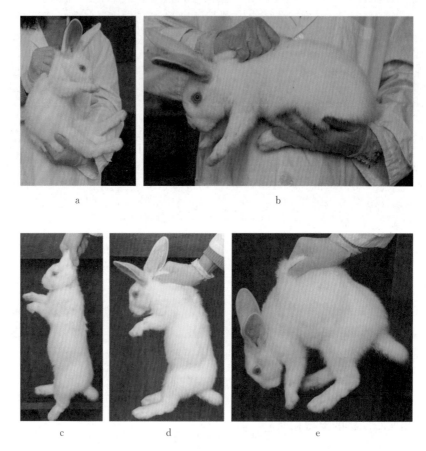

图 1-2-1　家兔的捉持方法

图 a、b 所示的捉持方法正确,图 c、d、e 所示的捉持方法不正确

图 1-2-2　兔盒固定家兔

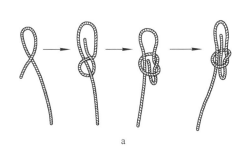

图 1-2-3　兔台固定家兔

2. **小鼠的捉持和固定**　小鼠较大鼠温和,虽也要提防被其咬伤手指,但无需戴手套捕捉。右手抓住尾部,将之置于铁丝笼或粗糙的平面上,用左手的拇指和示指抓住小鼠两耳后颈背部皮肤,将鼠体置于左手心中,拉直后肢,以环指及小指按住鼠尾部即可(图 1-2-4a、图 1-2-4b)。有经验者可直接用左手小指钩起鼠尾,迅速以拇指、示指、中指捏住其耳后项背部皮肤亦可(图 1-2-4c)。如操作时间较长,也可固定于小鼠固定板上。捉拿大鼠时方法相同,可戴手套。

a　　　　　　　　b　　　　　　　　c

图 1-2-4　小鼠的捉持和固定

3. **蟾蜍的捉持和固定**　蟾蜍捉持方法(图 1-2-5)宜用左手将动物背部贴紧手掌固定,以中指、环指、小指压住其左腹侧和后肢,拇指和示指分别压住左、右前肢,右手进行操作。应注意勿挤压其两侧耳部突起的毒腺,以免毒液喷出射进眼中。蟾蜍的固定可用蛙足钉将蟾蜍四只脚钉在蛙板上即可。

三、动物被毛的去除方法

动物的被毛常能影响实验操作和结果的观察,因此实验中常需去除或剪短动物的被毛。除毛的方法有拔毛、剪毛、剃毛和脱毛剂法四种。

图 1-2-5　蟾蜍的捉持

（一）拔毛法

此法简单实用,在各种动物做皮下静脉注射或取血,特别是家兔耳缘静脉注射或采血时常用。将动物固定后,用拇指和示指将所需部位的被毛拔去即可。若涂上一层凡士林,可更清楚地显示血管。

(二)剪毛法

是急性实验中最常用的方法。将动物固定后,先将剪毛部位用水湿润,将局部皮肤绷紧,用弯头手术剪紧贴动物皮肤依次将所需部位的被毛剪去。可先粗略剪去较长的被毛,然后再仔细剪去毛桩。千万注意不能用手提着皮毛剪,否则易剪破皮肤,影响下一步的实验。为避免剪下的被毛到处乱飞,应将剪下的被毛放入盛水的烧杯内。

(三)剃毛法

大动物做慢性手术时常采用。先用刷子蘸温肥皂水将需剃毛部位的被毛充分浸润,然后用剃毛刀顺被毛方向进行剃毛。若采用电动剃刀,则逆被毛方向剃毛。

四、实验动物的麻醉方法

在急、慢性实验中,施行手术前必须对动物进行麻醉,使动物在手术或实验中减少疼痛,保持安静,以使实验项目顺利进行。理想的麻醉药应具备下列三个条件:第一,麻醉完善,实验过程中动物无挣扎、动弹或鸣叫现象,麻醉时间大致满足实验要求;第二,对动物的毒性及所观察的指标影响最小;第三,使用方便。动物麻醉分全身麻醉和局部麻醉。

(一)局部麻醉

亦称局部浸润麻醉。局部麻醉一般采用2%普鲁卡因溶液作为麻醉药。操作方法是:将动物固定,局部手术野去毛,用左手拇指及中指将动物的局部皮肤提起使成一皱褶,并用示指按压皱褶的一端,使成三角体,增大皮下空隙,以利针刺。右手持装有麻醉药品的注射器,自皱褶处刺入皮下(有突破感和无阻力感),并将针头平行地全部扎入,当确信针头在皮下时即可松开皱褶注入药液,边注药边向后退移针头,同时注意向两侧注药,直至整个手术切口部位完全被麻醉药浸润为止,拔出针头,用手轻轻揉捏注射部位皮肤,以使药液均匀弥散。注射完后1 min左右即可手术。

(二)全身麻醉

全身麻醉的方法有乙醚吸入麻醉、腹腔注射麻醉和静脉注射麻醉等。

1. **乙醚吸入麻醉**　乙醚是最常用的吸入麻醉剂。乙醚为无色透明液体,极易挥发,挥发的气体有特殊的刺激味,且易燃易爆。乙醚可用于多种动物的麻醉。给小动物麻醉时,可将蘸湿乙醚的棉花和小动物一起放入容器内,并密切观察动物的反应,如呼吸频率变化和活动情况改变,当动物发生瘫软时,说明麻醉已发生效应,可移开容器和棉花。注意不可吸入乙醚过量,否则会引起动物死亡。给大动物如家兔实施麻醉时,可将蘸湿乙醚的棉花放在一大烧杯中,将家兔头部固定,将烧杯套在家兔口鼻部,使其吸入杯中乙醚气体,同时检查家兔角膜反射和四肢张力,一旦发生角膜反射消失,四肢张力减弱或消失,即告麻醉成功,可移开烧杯。同样注意不可麻醉过深。

乙醚麻醉时需注意,因乙醚对呼吸道黏膜有刺激作用,可使其产生大量分泌物,易阻塞气道。

2. **腹腔或静脉注射麻醉**　通过腹腔或静脉注入麻醉药可实施动物麻醉。例如,戊巴比妥钠为白色粉末,用时配成1%的溶液,以 3 ml/kg 剂量进行静脉注射。戊巴比妥钠的药效作用发生快,持续时间3~5 h。静脉注射时(家兔选择耳缘静脉注射,如图 1-2-6 所示),前 1/3 剂

图 1-2-6 家兔耳部血管分布和耳缘静脉注射方法

量可快速注射,以快速度过兴奋期;后 2/3 剂量则应缓慢注射,并密切观察动物的肌紧张状态、呼吸频率和深度及角膜反射。动物麻醉后,常因麻醉药的作用以及肌肉松弛和皮肤血管扩张而致使体温缓慢下降,所以应设法保温。又如,乌拉坦(氨基甲酸乙酯)多数动物实验都可使用,但常用于小动物的麻醉。猫和家兔可采用静脉注射、腹腔注射或直肠灌注等多种途径给药。本药易溶于水,使用时可配制成10%~25%浓度的溶液。

使用全身麻醉时应注意以下几点。

(1) 静脉麻醉时,速度应当缓慢并密切注意麻醉深度。最佳麻醉深度的指标是皮肤夹捏反应消失,头颈及四肢肌肉松弛,动物卧倒,呼吸深慢而平稳,瞳孔缩小,角膜反射明显迟钝或消失。

(2) 麻醉过浅时,动物出现挣扎、呼吸急促及鸣叫等反应。此时可补充麻醉药,但一次补充注射剂量不宜超过总量的1/5,待动物安静和肢体放松后可继续实验。

(3) 麻醉过量时,动物可出现呼吸深慢而不规则甚至呼吸停止、血压下降、心跳微弱或停止。此时可给予人工呼吸或静脉注射苏醒剂,直至呼吸恢复,常用苏醒剂有:咖啡因(1 mg/kg)、尼可刹米(2~5 mg/kg)、山梗菜碱(0.3~1 mg/kg)等。麻醉中还应注意有无分泌物阻塞呼吸道,如有则应及时吸出或做气管插管以保证呼吸道通畅。

用于全身麻醉的药品种类有多种。具体药物,给药途径和剂量见表1-2-1。

表 1-2-1 常用非挥发全身麻醉药的用法及剂量

药物	动物	给药途径	剂量(mg/kg)	作用时间
戊巴比妥钠 (sodium pen-tobarbital)	家兔	静脉	30	2~4 h,中途加 1/5 量,可维持 1 h 以上,麻醉强,容易抑制呼吸
		腹腔	40~50	
	大、小鼠	腹腔	40~50	
硫喷妥钠 (sodium pentothal)	家兔	静脉	80~100	15~30 min,麻醉力强,宜缓慢注射
	大鼠	腹腔	40	
	小鼠	腹腔	15~30	

续 表

药物	动物	给药途径	剂量(mg/kg)	作用时间
氯醛糖 (chloralose)	家兔	静脉	80~100	3~4 h,诱导期不明显
	大鼠	腹腔	50	
乌拉坦 (氨基甲酸乙酯,urethane)	家兔	静脉	750~1 000	2~4 h,毒性小,主要适用于小动物的麻醉
	大、小鼠	皮下或肌内	800~1 000	

(三)神经损伤麻醉

蟾蜍常采用破坏脑和脊髓的方法麻醉。即左手握住蟾蜍,使其头部前倾,用右手示指触摸枕骨大孔位置,即可用探针刺入,破坏脑脊髓(图1-2-7)。

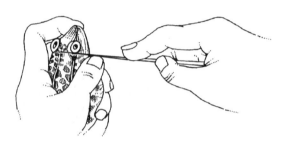

图1-2-7 破坏蟾蜍脑和脊髓

五、实验动物的给药方法

在动物实验中,为了观察药物对机体功能、代谢及形态的作用,常需将药物注入动物体内。给药的方法是多种多样的,可根据实验目的、实验动物种类和药物剂型等情况确定。

(一)经口给药法

1. **灌胃法** 此法给药剂量准确,是用灌胃器将药物直接灌到动物胃内的一种常用给药方法。

(1)鼠类灌胃法:鼠类的灌胃器由注射器和特殊的灌胃针构成。左手固定鼠,右手持灌胃器,将灌胃针从鼠的左口角插入口中,压其头部,使口腔和食管成一直线,将灌胃针沿咽后壁慢慢插入食管,使其前端到达膈的位置。灌胃针插入时应无阻力,如有阻力或动物挣扎则应退针或将针拔出,以免损伤、穿破食管或误入气管。为防止插入气管,注入药液前应回抽注射器针栓,无空气被回抽,方可将药液注入(图1-2-8)。

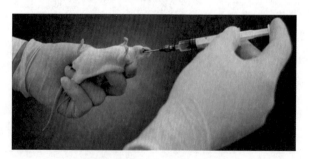

图1-2-8 小鼠灌胃法

（2）家兔、犬的灌胃法：灌胃一般要借助于开口器、灌胃管进行。先将动物固定，再将开口器固定于上、下门齿之间，然后将灌胃管（常用导尿管代替）从开口器的小孔插入动物口中，沿咽后壁而进入食管。插入后应检查灌胃管是否确实插入食管。可将灌胃管外开口放入盛水的烧杯中，若无气泡产生，表明灌胃管被正确插入胃中，未误入气管。此时将注射器与灌胃管相连，注入药液，再推入少量的水或空气，将胃管内的药液冲入胃内。灌胃完毕，先拔出胃管再拿出开口器（图1-2-9）。

现将几种动物一次灌胃能耐受的最大容积列表，以供参考（表1-2-2）。

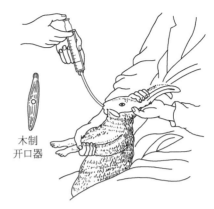

木制开口器

图1-2-9 家兔灌胃法

表1-2-2 各种动物一次灌胃能耐受的最大容量

动物种类	体重(g)	最大容积(ml)	动物种类	体重(g)	最大容积(ml)
家兔	>3 500	200	大鼠	>300	8.0
	2 500～3 500	150		250～300	6.0
	2 000～2 400	100		200～249	4.0～5.0
				100～199	3.0
小鼠	>30	1.0	豚鼠	>300	6.0
	25～30	0.8		250～300	4.0～5.0
	20～24	0.5			

2. **口服法** 口服给药是把药物混入饲料或溶于饮水中让动物自由摄取。此法优点是简单方便，缺点是剂量不能保证准确，且动物个体间服药量差异较大。本方法适用于对动物疾病的防治和制造某些与食物相关的人类疾病动物模型。大动物在给予片剂、丸剂、胶囊剂时，可将药物用镊子或手指送到舌根部，迅速关闭口腔，将其头部稍稍抬高，使其自然吞咽。

（二）注射给药法

1. **皮下注射** 一般选取皮下组织疏松的部位，大鼠、小鼠和豚鼠可在颈后肩胛间、腹部两侧做皮下注射；家兔可在背部或耳根部做皮下注射；猫、犬则在大腿外侧做皮下注射。

2. **皮内注射** 将注射部位脱毛、消毒，用左手拇指和示指压住皮肤并使之绷紧，在两指之间用皮试针头紧贴皮肤表层刺入皮内，向上挑起而再稍刺入，即可缓慢注射，皮肤表面出现白色橘皮样隆起，若隆起可维持一定时间，则证明药液确实注射在皮内。

3. **肌内注射** 一般选肌肉发达、无大血管通过的部位。大鼠、小鼠、豚鼠可注射大腿外侧肌肉；家兔可在腰椎旁的肌肉、臀部或股部肌内注射；犬、猴等大型动物选臀部注射。注射前应检查肌肉的厚度，并控制注射深度。注射时针头宜垂直迅速刺入肌肉，回抽注射器针栓如无回血现象，即可注射。

4. **腹腔注射** 给大鼠、小鼠进行腹腔注射时，以左手固定动物，使腹部向上，为避免伤及内脏，应尽量使动物头处于低位，使内脏移向上腹，右手持注射器从下腹两侧向头部方向刺入皮下，针尖稍向前进针3～5 mm，再将注射器沿45°斜向穿过腹肌进入腹腔，此时有落空感，回抽无回血、尿、肠液,即可注入药液(图1-2-10)。注意:针头不要刺入过深,进针部位不要太靠上腹部,以免穿透和刺破内脏。家兔、犬等动物腹腔注射时,可由助手固定动物,使其腹部朝上,实验者即可进行操作。其位置:家兔下腹部近腹中线左右两侧1 cm处,犬脐后腹中线两侧1~2 cm处进行腹腔注射。

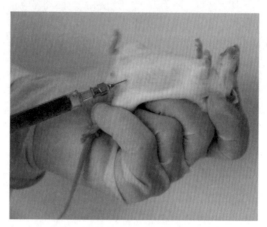

图1-2-10　小鼠腹腔注射法

5. **静脉注射**

(1) 大鼠和小鼠:常采用尾静脉注射(图1-2-11)。注射时,先将动物固定在暴露尾部的固定器内,尾部用45~50 ℃的温水浸润几分钟或用75%酒精棉球反复擦拭使血管扩张,并使表皮角质软化。以左手拇指和示指捏住鼠尾两侧,用中指从下面托起鼠尾,使针头尽量采取与尾部平行的角度进针,从尾末端处刺入,注入药液。若推注时有阻力,且局部变白表明针头没有刺入血管,应拔出后重新穿刺。穿刺血管宜从鼠尾末端开始,失败后可向近心端移动再次穿刺。注射后把尾部向注射侧弯曲,或拔针后随即以干棉球按住注射部位以止血。

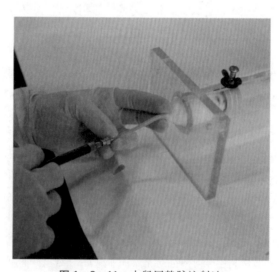

图1-2-11　小鼠尾静脉注射法

（2）豚鼠：可采用前肢皮下小静脉、后肢小隐静脉注射或耳缘静脉注射。

（3）家兔：一般采用耳缘静脉注射，此部位静脉表浅易固定。注射时先将家兔用固定盒固定，拔去注射部位的毛，用酒精棉球涂擦耳缘静脉，并用手指弹动或轻轻揉擦兔耳，使静脉充血，然后用左示指和中指压住耳根端，拇指和小指夹住耳边缘部，以环指放在耳下垫住，右手持注射器尽量从静脉远端刺入血管，移动拇指和环指固定针头，放开示指和中指，注入药液。注射后，用纱布或脱脂棉压迫止血。

（4）犬：常采用前肢内侧皮下小静脉或后肢外侧小隐静脉注射。注射部位除毛消毒后，在静脉血管的近心端用橡皮带扎紧（或用手握紧）使血管充盈，从静脉的远心端将注射针头平行血管刺入，回抽针栓，如有回血，放松对静脉近端的压迫，将药液缓缓注入。

（5）蟾蜍：蟾蜍皮下有数个淋巴囊，注入药物容易吸收，由于蟾蜍皮肤很薄又缺乏弹性，注射药物易从针孔溢出，常用颌下淋巴囊注射法。取蟾蜍一只，一手抓住蟾蜍身体，固定四肢，使腹部朝上；另一手持4～7号针头将针头插入口腔，通过下颌肌肉而刺入，注射药液后拔出针头，由于下颌肌肉收缩使针孔闭合，可避免药液漏出。

（三）给药容量

不同种类的实验动物一次给药时所能耐受的最大容量是不同的，灌胃药量太多易导致急性胃扩张，静脉给药容量太多易导致多种急性心力衰竭和肺水肿。不同种类实验动物一次给药最大耐受容量如表1－2－3。

表1－2－3 常用实验动物不同途径的最大给药量(ml)

给药途径	小鼠	大鼠	豚鼠	家兔	犬
灌胃	0.5	5.0	6.0	150.0	500.0
皮内注射	0.1	0.1	0.1	0.2	0.3
皮下注射	0.5	1.0	2.0	3.0	10.0
肌内注射	0.2	0.5	1.0	2.0	5.0
静脉注射	0.5	4.0	5.0	10.0	25.0
腹腔注射	1.0	3.0	5.0	10.0	—

（四）给药剂量

观察药物对实验动物的影响，要确定给药剂量。查阅文献是一个简便的方法，若不能查到相关文献，可参考其他动物或人的用药剂量计算。推算方法很多，此处仅举按体重换算的方法。

已知A种动物每千克体重的用药剂量，要估算B种动物的每千克体重的用药剂量，可先查表1－2－4，找出折算系数（W），再按下式计算：

$$B 种动物的剂量(mg/kg) = W \times A 种动物的剂量(mg/kg)$$

表 1 - 2 - 4　动物与成人每千克体重剂量折算系数表(W)

B 种动物或成人	A 种动物或成人					
	小鼠(0.02 kg)	大鼠(0.2 kg)	豚鼠(0.4 kg)	家兔(1.5 kg)	犬(12 kg)	成人(60 kg)
小鼠	1.0	1.4	1.6	2.7	4.8	9.01
大鼠	0.7	1.0	1.14	1.88	3.6	6.25
豚鼠	0.61	0.87	1.0	1.65	3.0	5.55
家兔	0.37	0.52	0.6	1.0	1.76	3.30
犬	0.21	0.28	0.34	0.56	1.0	1.88
成人	0.11	0.16	0.18	0.304	0.531	1.0

例如,小鼠对某药的最大耐受量为 20 mg/kg,要折算出家兔的剂量。查表,A 动物为小鼠,B 动物为家兔,交叉点为折算系数 W＝0.37,家兔的用药量为:0.37×20 mg/kg＝7.4 mg/kg。

这种方法折算的剂量有一定的参考价值,但并非完全适用于所有的药物。动物体重应为成熟期动物平均体重,过重、过轻误差都会增大。

六、常用生理溶液和药物的配制

(一) 常用生理溶液的成分和配制

在进行离体组织或器官实验时,为了维持标本的"正常"功能活动,必须尽可能地使标本所处的环境因素与体内相近似。这些因素包括电解质成分、渗透压、酸碱度、温度、葡萄糖和氧含量等。这样的溶液称为生理溶液。最简单的生理溶液为 0.9%(恒温动物)或 0.65%(变温动物)的 NaCl 溶液,又称生理盐水。因生理盐水的理化特性与体液有很大不同,所以难以长时间维持离体组织或器官的正常活动。为此 S. Ringer 研制了能维持蛙心长时间跳动的溶液,称为林格液(又称任氏液)。常用的生理溶液包括用于两栖类动物的林格液和用于哺乳类动物的台氏液,表 1 - 2 - 5 是常用生理溶液的配制方法。

表 1 - 2 - 5　常用生理溶液的配制

成分	浓度(%)	林格液(用于两栖类,ml)	台氏液(用于哺乳类胃肠,ml)	台氏液(用于哺乳类心肌,ml)
NaCl	20	32.5	40.0	40.0
KCl	10	1.4	2.0	4.0
$CaCl_2$	10	1.2	2.0	2.0
NaH_2PO_4	1	1.0	5.0	10.0
$MgCl_2$	5		2.0	1.0
$NaHCO_3$	5	4.0	20.0	40.0
葡萄糖		2 g(可不加)	1 g	2 g
加蒸馏水至		1 000	1 000	1 000

注:配制时,先将除 $CaCl_2$ 以外的母液按比例倒入容器中,然后加蒸馏水至所配溶液体积的2/3,最后滴加 $CaCl_2$ 母液,同时要边加边搅拌,并加蒸馏水至刻度线。葡萄糖临用时加入,用时需充以 95%O_2＋5%CO_2 的混合气体,并用 NaOH/HCl 校正 pH 至 7.4 左右。

（二）药物的配制方法

1. **药物浓度** 是指一定量液体或固体制剂中所含主药的分量。常用以下几种表示法。

（1）百分浓度：每 100 ml(g) 溶液所含溶质的 g(ml) 数，用符号％表示。例如：5％ NaCl 溶液，即指 100 ml 溶液中含有 NaCl 5 g。

（2）比例浓度：用比例式计算，是指几克(毫升)溶质，制成几毫升溶液，用 1∶X 比例式表示。例如：1∶1 000 肾上腺素溶液，即指 1 000 ml 溶液中含有肾上腺素 1 g。

（3）物质的量浓度：溶质(用字母 B 表示)的物质的量浓度是指单位体积溶液中所含溶质 B 的物质的量，常用单位为 mol/L。物质的量浓度也可以用以下的公式表示：物质的量浓度 (mol/L)＝溶质的物质的量(mol)/溶液的体积(L)。

例如：配制 1 mol/L 的氯化钠溶液时，氯化钠的相对分子量为 23＋35.5＝58.5，故称取 58.5 g 氯化钠，加水溶解，定容至 1 000 ml 即可获得 1 mol/L 的氯化钠溶液。

2. **剂量换算和药物配制**

（1）动物实验所用药物的剂量，一般按 mg/kg(或 g/kg) 计算，应用时须从已知药液浓度换算出相当于每千克体重应注射的药物量(ml)，以便给药。

例题：小鼠体重 18 g，腹腔注射盐酸吗啡 10 mg/kg，药物浓度为 0.1％，应注射多少毫升？

计算方法：0.1％的溶液 1 ml 含药物 1 mg，剂量为 10 mg/kg 相当于容积为 10 ml/kg。小鼠用药剂量常以 mg/10 g 计算，换算成容积时也以 ml/10 g 计算，故腹腔注射盐酸吗啡量等于 0.1 ml/10 g，18 g 重的小鼠注射 0.18 ml，如 20 g 体重小鼠，给 0.2 ml，以此类推。

（2）在动物实验中有时须根据药物的剂量及某种动物给药途径的药液容量，然后配制相当的浓度以便于给药。

例题：给家兔静注戊巴比妥钠 30 mg/kg，注射量为 1.2 ml/kg，应配制戊巴比妥钠的浓度是多少？

计算方法：30 mg/kg 相当于 1.2 ml/kg，因此 1.2 ml 溶液应含 30 mg 药物，如要算成百分比浓度 1.2∶30＝100∶X，X＝2 500 mg＝2.5 g，即 100 ml 含 2.5 g，故应配成 2.5％的戊巴比妥钠。

七、常用实验动物实验后的处死方法

处死实验动物应遵循动物安乐死的基本原则，即尽可能缩短动物致死时间，尽量减少其痛苦。

1. **颈椎脱臼法** 大、小鼠最常用的处死方法。用拇指和示指用力往下按住鼠头，另一只手抓住鼠尾，用力稍向后上方一拉，使之颈椎脱臼，造成脊髓与脑髓断离，动物立即死亡。

2. **空气栓塞法** 主要用于大动物的处死，用注射器将空气急速注入静脉，可使动物致死。当空气注入静脉后，可在右心随着心脏的搏动使空气与血液相混致血液呈泡沫状，随血液循环到全身。如进入肺动脉，可阻塞其分支，进入心脏冠状动脉，造成冠状动脉阻塞，发生严重的血液循环障碍，动物很快致死。一般兔与猫可注入 10～20 ml 空气，犬可注入 70～150 ml 空气。

3. **急性大失血法** 用粗针头一次采取大量心脏血液，可使动物致死。豚鼠与猴等皆可采用此法。大、小鼠可采用眼眶动、静脉大量放血致死。犬和猴等在麻醉状态下，暴露出动物的颈动脉，在两端用止血钳夹住，插入套管，然后放松近心端的止血钳，轻轻压迫胸部，尽可能大量放血致死。犬也可采用股动脉放血法处死。硫喷妥钠 20～30 mg/kg 静脉注射，犬则很快入睡，然后暴露股三角区，用手术刀在股三角区做一个约 10 cm 的横切口，将股动、静脉全部切断，立即喷出血液，用一块湿纱布不断擦去股动脉切口处的血液和凝块，同时不断用自来水冲洗流血,使股动脉切口保持通畅,动物3~5 min内可致死。

4. 吸入麻醉致死法　应用乙醚吸入麻醉的方法处死,大、小鼠在20~30 s陷入麻醉状态,3~5 min死亡。应用此法处死豚鼠时,其肺部和脑会发生小出血点,在病理解剖时应予注意。

5. 过量麻醉法　应用戊巴比妥钠注射过量麻醉致死,豚鼠可用其麻醉剂量3倍以上的剂量腹腔注射;猫可采用本药麻醉量的2~3倍药量静脉注射或腹腔内注射;兔可用本药80~100 mg/kg的剂量急速注入耳缘静脉内;犬可用本药100 mg/kg静脉注射。

6. 其他方法　大、小鼠还可采用击打法、断头法、CO_2吸入法致死。具体操作为右手抓住鼠尾提起动物,用力摔击鼠头部,动物痉挛致死,或用小木槌用力击打头部致死。用剪刀在鼠颈部将鼠头剪掉,由于剪断了脑脊髓,同时大量失血,动物很快死亡。目前国外多采用断头器断头,将动物的颈部放在断头器的铡刀处,慢放下刀柄接触到动物后,用力按下刀柄,将头和身体完全分离,这时有血液喷出,要多加注意。吸入CO_2,此法安全、人道、迅速,被认为是处理啮齿类的理想方法,国外现多采用此法。可将多只动物同时置入一个大箱或塑料袋内,然后充入CO_2,动物在充满CO_2的容器内1~3 min内死去。

第二节　基本操作技术

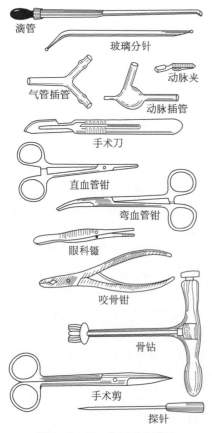

滴管
玻璃分针
动脉夹
气管插管
动脉插管
手术刀
直血管钳
弯血管钳
眼科镊
咬骨钳
骨钻
手术剪
探针

图1-2-12　常用手术器械

一、常用手术器械的使用

综合医学基础实验的常用手术器械可分为两栖类手术器械和哺乳类动物手术器械两大类。了解各种手术器械的结构特点和基本性能是正确掌握和熟练运用这些器械的保证,也将为外科护理实验操作打下基础。常用手术器械如图1-2-12所示。

(一)两栖类手术器械

1. 剪刀　大剪刀用于剪断骨骼、肌肉、皮肤等较硬或坚韧的组织;小剪刀用于剪断神经、血管等细软组织。

2. 镊子　用于夹捏细软组织。

3. 玻璃分针　用于分离血管和神经等。

4. 探针　用于破坏脑和脊髓。

5. 蛙心夹　使用时于心脏舒张时夹住心尖,另一端通过丝线连接张力换能器,用以描记心脏舒缩活动。

6. 蛙板　将蟾蜍腿钉在蛙板上,以便操作。为减少损伤,制备的神经肌肉标本不要直接放在蛙板上。

(二)哺乳类动物手术器械

1. 手术刀　用于切开皮肤和脏器。常用持刀法有执笔式、抓持式和反挑式等。

一般用止血钳安装和取下刀片(图1-2-13)。执刀姿势视切口大小、位置等不同而有指压式(又称琴弓式或执弓式)、抓持式(或称捉刀式)、执笔式及反挑式(外向执笔式)等持法,见图1-2-14a～图1-2-14d。指压式为最常用的一种执刀方法,发挥腕和手指的力量,多用于腹部皮肤切开及切断钳夹的组织。抓持式用于切割范围较广、用力较大的坚硬组织,如肌腱、坏死组织、慢性增生组织等,力量在手腕。执笔式用以切割短小切口,用力轻柔而操作精细,如分离血管和神经以及切开腹膜小口等,动作和力量主要在手指。反挑式的手法是刀刃由内向外挑开,以避免深部组织或器官损伤,如腹膜切开或挑开狭窄的腱鞘等。

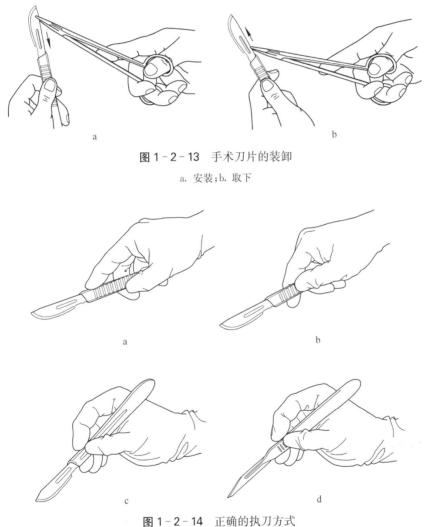

图1-2-13 手术刀片的装卸

a. 安装;b. 取下

图1-2-14 正确的执刀方式

a. 指压式;b. 抓特式;c. 执笔式;d. 反挑式

2. **手术剪** 剪毛用弯头剪刀;剪开皮肤、皮下组织和肌肉时使用直手术剪;剪开血管、输尿管等做插管时用眼科剪刀。手术剪执法均为拇指和环指分别插入两个柄环内,但不宜过深,示指自然地压在剪轴处,其余二指护在剪柄相应部位,以协助掌握方向和用力(图1-2-15)。

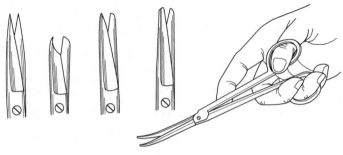

图 1-2-15　执 剪 方 式

3. **止血钳**　常用的是蚊式钳。止血钳的作用一是尽量少地夹住出血的血管或出血点达到止血目的;二是用于分离组织、牵引缝线等。止血钳是生理手术中钝性分离的最常用器械。正确的执钳方式见图 1-2-16。

图 1-2-16　执 钳 方 式

4. **镊子**　夹捏较大、较厚的组织和牵拉皮肤切口时使用有齿镊;夹捏细软组织(如血管、黏膜)用无齿镊;做动脉插管时,可用弯头眼科镊扩张切口,以利导管插入。

5. **动脉夹**　动脉夹外有光滑的塑料套子,避免其损伤血管。动脉夹用于阻断动脉血流,亦可在兔耳缘静脉注射时用于固定针头。

6. **气管插管**　急性实验时插入气管,以保证呼吸道通畅。

7. **血管插管**　实验时用血管插管插入血管,插管另一端接压力换能器,以记录实时血压,插管腔内事先充满肝素生理盐水,防止凝血,不可有气泡,以免影响结果。

二、常用操作技能实验

(一)组织分离

组织分离包括使用带刃器械(刀、剪)做锐性切开和使用止血钳、手术刀柄或手指等做钝性分离。

锐性切割常施用于皮肤(先剪去被毛)、腱质等较厚硬的组织。用手术刀时,先用手或器械使两侧组织在牵拉紧张情况下,以刀刃做垂直的轻巧的切开,不要做刮削的动作。用力适当,使切口平直、深度一致,不能切成锯齿状或切线尾部切成鱼尾状。用手术剪时,以剪刀尖端伸入组织间隙内,不宜过深,然后张开剪柄分离组织,在确定没有重要的血管、神经后再予以剪断。在分离过程中,如遇血管,需用止血钳夹住或结扎后再剪断。锐性分离腹膜时,要用镊子提起后剪一小口,然后示、中二指伸入切口下的腹腔内继续操作。锐性分离对组织的损伤较小,术后反应也小,但必须熟悉局部解剖,在辨明组织结构时进行,动作要准确精细。

钝性分离是将有关器械或手指插入组织间隙内,用适当的力量分离或推开组织。这种方法适用于肌肉、皮下结缔组织、筋膜、骨膜和腹膜下间隙等。优点是迅速省时,且不致误伤血管和神经。但不应粗暴勉强进行,否则造成重要血管和神经的撕裂或器械穿过邻近的空腔脏器或组织,将导致严重后果。

锐性切开和钝性分离总的目的是充分显露深部组织和器官,同时又不致造成过多组织的损伤。为此,必须注意确定准确切开的部位,控制切口大小以满足实验需要为度,切开时按解剖层次分层进行。

(二)止血

在手术操作中,完善而彻底地止血,不但能防止严重的失血,而且能保证手术视野清晰,便于手术顺利地进行,避免损伤重要的器官,有利于切口的愈合。

小血管出血或静脉渗血,可使用纱布或干棉球压迫止血,应按压,不可擦拭,以免损伤组织和使血栓脱落。若未能确切止血,用此法也可清除术部血液,辨清组织及出血点以进行其他有效的止血操作。较大的出血,特别是小动脉出血时,先用止血钳准确夹闭血管断端,结扎后除去止血钳。较大的血管应尽量避开,或先做双重结扎后剪断。结扎止血法是手术中最常用、最可靠的止血方法。

(三)颈部分离血管神经

将麻醉好的家兔仰卧固定在手术台上。剪去颈部被毛,于甲状软骨下方纵行剪(切)开皮肤约 5 cm。用止血钳等器械钝性分离皮下组织和肌肉,直至暴露气管。左手拇指和示指捏住切口缘的皮肤和肌肉,其余三指从皮肤外侧向上顶,右手持玻璃分针,在气管一侧找到颈部血管神经束,粗壮搏动的是颈动脉,与颈动脉伴行的神经中最细的为降压神经(又称主动脉神经),最粗的为迷走神经,交感神经居中(图1-2-17)。辨认清楚后,才能分离,避免先分离搞乱位置后使神经与筋膜难以辨认。分离时根据需要先将较细的神经分离出来,再分离其他神经和血管,并随即在各血管神经下穿埋粗细颜色不同的丝

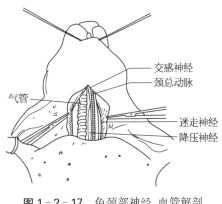

图1-2-17 兔颈部神经、血管解剖示意图

线以标记。在类似的分离操作中,尽量避免用金属器械刺激神经,更要防止刃器或带齿的器械损伤血管神经,多用烧制好的玻璃分针顺血管神经的走向剥离。

(四)血管插管法

分离出欲插管的血管一段(如4 cm长),埋以双线,结扎或用动脉夹夹闭供血端(动脉的近心端,静脉的远心端),用眼科剪斜向 45°在管壁上剪一小口,不超过管径的 50%,输液用则顺血流方向剪,引流用则逆血流方向剪。用眼科镊提起切口缘,按上述方向插入插管(勿插入夹层),用预埋线结扎固定,必要时可用缝针挂到附近组织上以免滑脱。胰管、胆管、输尿管的插

管均可类似操作。

(五) 腹壁切开法

腹中线切口适用于犬、猫、猪及兔的腹部实验手术。将动物在手术台上仰卧固定,可做全身麻醉配合局部浸润麻醉。腹部正中线剪毛,助手将腹部皮肤左右提起,术者用手术剪(或刀)纵向剪一小口,再水平插入剪刀,剪刀尖上挑式剪开腹中线皮肤。此时皮下可见一纵向腹白线,如皮肤同样先剪一小口,再用钝头外科剪(腹膜剪)或伸入手指垫着,沿腹白线打开腹腔,以免伤及脏器。

(六) 离体器官或组织的制备方法

1. 离体心脏制备法　离体心脏灌注是指将动物心脏取出胸腔,连接上一个特定的灌流装置,用相应的缓冲液灌注其冠脉系统,使离体心脏在人工控制的条件下自主跳动或人工起搏下收缩与舒张。

Langendorff 法即主动脉逆行灌注法,是常用的离体心脏灌注方法。取大鼠腹腔注射戊巴比妥钠(50 mg/kg)麻醉,舌下静脉注射 1% 的肝素(0.5 ml/kg)抗凝(腹腔注射亦可,5 000 U/kg),开胸迅速取出心脏置于 4 ℃或室温下的 Krebs-Henseleit 缓冲液。心脏自主收缩与舒张可排出心腔内大部分血液,立即用两眼科镊持主动脉,接上主动脉插管,此管道通过一调节栓接入可以调节灌注压的灌注管道。心尖部挂一个金属小钩连接生物信号转换仪,可以测量心率、心泵功能。整个灌注系统及心脏周围用恒温水浴循环器维持在 37 ℃左右。将一与 PE 管连接的水囊由左心房插入左心室,PE 管接压力换能器至生物信号记录系统,调节水囊内压至 5~10 mmHg(前负荷),通过水囊可以测定左心室压及 dp/dt。灌注液以 95% 的氧气和 5% 的二氧化碳充分饱和,使氧分压维持在 500~550 mmHg,二氧化碳分压维持在 36~42 mmHg,pH 7.38~7.46,灌注压一般在 90 cmH_2O。

心脏恢复自主心跳后平衡灌注 15 min,待心脏跳动平稳后便可开始实验。在药物实验中,可以将药物直接加入储液槽内。

注意事项:

(1) 主动脉悬挂结扎的位置不能太深,以免阻塞冠状动脉入口或损伤主动脉瓣造成关闭不全。

(2) 在整个实验过程中要注意保持心脏周围温度 37 ℃左右,上下波动不超过 0.5 ℃。

(3) 灌流液事先要用氧气充分饱和,一般为 20~30 min。

(4) 灌流液经心脏冠脉循环后由冠状静脉窦流入右心房及右心室,最后从肺动脉流出,因此,在操作中如果结扎了肺动脉,或将会出现右心室迅速膨出的情况。

2. 离体小肠平滑肌的制备　消化管、血管、子宫、输尿管、输卵管以及输精管等管壁均由平滑肌组成。消化管平滑肌的特性与骨骼肌不同,它具有自动节律性、较大的伸展性、对化学物质和温度改变及牵张刺激较为敏感等特点。

将兔执于手中倒悬,用木槌猛击兔头的枕部,使其昏迷,立即剖开腹腔,找出胃幽门与十二指肠交界处,以此处为起点取长 20~30 cm 的肠管,置于台氏液内轻轻漂洗,然后保存于室温的台氏液内,同时供氧。实验时取一段长 3~4 cm 的肠段,一端用恒温浴槽中心管内的有机玻璃板下段的小钩钩住,另一端用蛙心夹固定,通过丝线连于张力换能器上,此相连的丝线必须与水平面垂直,且不能与浴槽中心管内壁接触,以免摩擦而影响记录效果。

连接实验装置,在恒温浴槽中心管内盛台氏液,外部容器中加装水浴,开启电源加热,恒温浴槽温度控制在38~39℃。浴槽通气管与气泵相连接,调节橡皮管上的螺旋夹,使中心管内的气泡一个接一个地冒出液面,供应小肠氧气。待温度气泡调节稳定后,将肠段移入浴槽中心管内固定连接,开始实验。

3. 蟾蜍坐骨神经-腓肠肌标本的制备

(1) 捣毁脑脊髓:取蟾蜍一只,用左手握住,用示指下压头部前端,拇指按压背部使头前俯。右手持探针由前端沿正中线向尾端触划,触到凹陷处即枕骨大孔。将探针由此处垂直刺入(图1-2-7),到达椎管,将探针折向头部方向刺入颅腔,左右搅动数次,彻底捣毁脑组织;再将探针退出至刺入点皮下,针尖倒向尾侧,刺入脊髓椎管内,捣毁脊髓。此时蟾蜍下颌呼吸运动消失,四肢肌肉张力消失,则表示脑和脊髓已完全破坏。

(2) 剪除躯干上部及内脏:用大剪刀在颅骨后方剪断脊柱(图1-2-18)。左手握住蟾蜍脊柱,右手将大剪刀沿两侧(避开坐骨神经)剪开腹壁。此时躯干上部及内脏即全部下垂。剪除全部躯干上部及内脏组织,弃于大杯中。

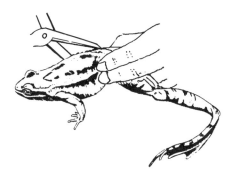

图1-2-18 横断蟾蜍脊柱

(3) 剥皮:先剪去肛周一圈皮肤,然后用左手捏住脊柱断端,右手剥离断端边缘皮肤,逐步向下剥离全部后肢皮肤。将标本置于盛有林格液的小杯中,洗净双手和用过的器械。

(4) 游离坐骨神经:将蟾蜍下半身腹侧向上用蛙足钉固定于蛙板上。沿脊柱两侧用玻璃分针分离坐骨神经,并于靠近脊柱处穿线、结扎并剪断。轻轻提起扎线,逐一剪去神经分支。游离坐骨神经后将蟾蜍下半身背侧向上固定于蛙板上,用玻璃分针在股二头肌与半膜肌之间的裂缝处划开,循坐骨神经沟找出大腿部分的坐骨神经,用玻璃分针将腹部的坐骨神经小心勾出来。游离神经过程中不要使用镊子,以免损伤神经和肌肉。手执结扎神经的线,剪断坐骨神经的所有分支,一直游离至膝关节(图1-2-19)。

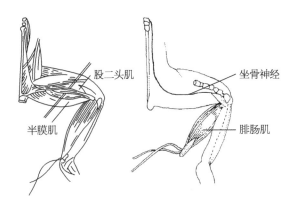

股二头肌

坐骨神经

半膜肌

腓肠肌

图1-2-19 坐骨神经腓肠肌标本的制备

(5) 制备坐骨神经腓肠肌标本:将分离干净的坐骨神经搭于腓肠肌上,在膝关节周围剪断全部大腿肌肉,并用大剪刀将股骨刮干净。再在跟腱处以线结扎、剪断并游离腓肠肌至膝关节,在膝关节以下将小腿其余部分全部剪断,并在股骨上部剪断(留 1 cm 长的股骨以便固定标本)。将标本放入林格液中 5～10 min,待其兴奋性稳定后再进行实验(图 1-2-19)。

(6) 坐骨神经干标本的制备:分离坐骨神经的方法及步骤与上述(1)～(4)项同,当坐骨神经游离至膝关节处后,再向下继续剥离,在腓肠肌两侧肌沟内找到胫神经或腓神经,剪去任一分支,分离出留下的一支直至足趾,用线结扎,在结扎的远端剪断。注意坐骨神经在膝关节处分成胫、腓神经,它们在绕过膝关节时,其上覆有肌腱和肌膜,分离时勿剪断神经和损伤神经。

注意事项:

1) 制备神经肌肉标本过程中,要不断滴加林格液,以防标本干燥,丧失正常生理活性。

2) 操作过程中应避免强力牵拉和手捏神经或用镊子夹伤神经肌肉。

3) 捣毁脑脊髓时防止蟾蜍皮肤分泌的蟾素射入操作者眼内或污染实验标本。

第三章

常用新设备介绍

第一节　常用分子生物学技术介绍

一、核酸分离技术

（一）DNA 分离

以提取完整高产量的 DNA 为目标,步骤主要分为:破碎细胞→抽提蛋白质→DNA 沉淀→乙醇洗除盐→琼脂糖凝胶电泳检测。用细胞裂解液裂解细胞膜,收集细胞核,加入 SDS 破裂核膜,用蛋白酶 K 使核蛋白降解成小片段并从 DNA 上解离下来,经苯酚、氯仿抽提去除蛋白质,无水乙醇沉淀 DNA,75％乙醇洗涤沉淀 DNA,干燥后溶解于 TE 缓冲液中即得到分子量相对高的 DNA。

（二）RNA 分离

以提取完整未降解的高纯度的 RNA 为目标,步骤主要分为:抑制 RNase→抽提去蛋白质→DNase 消化 DNA。RNA 比 DNA 易降解,在抽提过程中需注意抑制 RNase 的污染及控制操作温度。

（三）琼脂糖凝胶电泳检测 DNA

琼脂糖电泳可用于分离、鉴定和提纯 DNA 片段。本法操作简单、迅速,能分辨其他方法不能分开的 DNA 片段混合物,分开的 DNA 可用低浓度的荧光染料($0.5~\mu g/ml$ 溴化乙啶)染色,在紫外线灯下直接观察检测到少至 1 ng 的 DNA。

琼脂糖凝胶电泳具有下列优点:

(1) 琼脂含液体量大,可达 98％～99％,近似自由电泳,但是样品的扩散度比自由电泳小,对蛋白质的吸附极微。

(2) 琼脂作为支持体有均匀、区带整齐、分辨率高、重复性好等优点。

(3) 电泳速度快。

(4) 透明而不吸收紫外线,可以直接用紫外线检测仪作定量测定。

(5) 区带易染色,样品易回收,有利于制备。

DNA 通过琼脂糖凝胶的迁移率取决于以下参数:

(1) DNA 分子大小:线状双链 DNA 分子通过凝胶的速率与其分子量的常用对数成反比。

据此用已知分子量的标准物质和待测分子量的 DNA 片段同时电泳,比较其电泳速率,即可求出待测片段的分子大小。

(2) 琼脂糖浓度:给一定大小的 DNA 片段,以不同速度通过不同浓度的琼脂扩凝胶。因此利用不同浓度的凝胶,可分辨范围广泛、大小不同的 DNA 片段。

(3) DNA 构型:相同分子量的闭环(Ⅰ型)、开环(Ⅱ型)和线状(Ⅲ型)DNA,以不同速率通过凝胶,一般情况下,迁移率的大小比较:Ⅰ型>Ⅲ型>Ⅱ型。

(4) 应用的电压:在低电压时,线状 DNA 片段的迁移率与所用电压成正比。但是电压增高时,大分子量 DNA 片段迁移率的增大是不同的,因此琼脂糖凝胶的有效分离范围随电压的增大而减小。为了获得 DNA 片段的最大分辨力,凝胶电泳时电压不应超过5 V/cm。

不同浓度琼脂糖凝胶的分离范围见表1-3-1。

表1-3-1　不同浓度琼脂糖凝胶的分离范围

浓度(%)	分离线状 DNA 分子的范围(kb)	浓度(%)	分离线状 DNA 分子的范围(kb)
0.3	5～60	1.2	0.4～6
0.6	1～20	1.5	0.2～3
0.7	0.8～10	2.0	0.1～2
0.9	0.5～7		

二、蛋白质分离技术

电泳分离:聚丙烯酰胺凝胶电泳

聚丙烯酰胺凝胶电泳(PAGE)是以聚丙烯酰胺凝胶作为支持介质的电泳方法。在这种支持介质上可根据被分离物质分子大小和分子电荷多少来分离。聚丙烯酰胺凝胶有以下优点:

(1) 聚丙烯酰胺凝胶是由丙烯酰胺和 N,N′甲叉双丙烯酰胺聚合而成的大分子。凝胶有格子,是带有酰胺侧链的碳-碳聚合物,没有或很少带有离子的侧基,因而电渗作用比较小,不易和样品相互作用。

(2) 由于聚丙烯酰胺凝胶是一种人工合成的物质,在聚合前可调节单体的浓度比,形成不同程度交链的结构,其空隙度可在一个较广的范围内变化,可以根据要分离物质分子的大小,选择合适的凝胶成分,使之既有适宜的空隙度,又有比较好的机械性质。一般来说,含丙烯酰胺7%～7.5%的凝胶,其机械性能适用于分离分子量范围为 1 万～100 万物质;1 万以下的蛋白质则采用含丙烯酰胺15%～30%的凝胶;而分子量特别大的可采用含丙烯酰胺4%的凝胶。大孔胶易碎,小孔胶则难从管中取出,因此当丙烯酰胺的浓度增加时可以减少双含丙烯酰胺,以改进凝胶的机械性能。

(3) 一定浓度范围内的聚丙烯酰胺对热稳定。凝胶无色透明,易观察,可用检测仪直接测定。

(4) 丙烯酰胺是比较纯的化合物,可以精制,减少污染。合成聚丙烯酰胺凝胶的原料是丙烯酰胺和甲叉双丙烯酰胺。丙烯酰胺称为单体,甲叉双丙烯酰胺称为交联剂,在水溶液中,单体和交联剂通过自由基引发的聚合反应形成凝胶。

在聚丙烯酰胺凝胶形成的反应过程中,需要有催化剂参加,催化剂包括引发剂和加速剂两部分。引发剂在凝胶形成中提供始自由基,通过自由基的传递,使丙烯酰胺成为自由基,发动聚合反应;加速剂则可加快引发剂释放自由基的速度。常用的引发剂和加速剂的配伍如表1-3-2:

表1-3-2　常用引发剂和加速剂的配伍

引　发　剂	加　速　剂
$(NH_4)_2S_2O_8$　(过硫酸铵)	TEMED(四甲基乙二胺)
$(NH_4)_2S_2O_8$　(过硫酸铵)	DMAPN(β-二甲基胺基丙腈)
核黄素	TEMED(四甲基乙二胺)

用过硫酸铵引发的反应称化学聚合反应;用核黄素引发,需要强光照射反应液,称光聚合反应。

聚丙烯酰胺聚合反应受下列因素影响:

(1) 大气中氧能淬灭自由基,使聚合反应终止,所以在聚合过程中要使反应液与空气隔绝。

(2) 某些材料如有机玻璃能抑制聚合反应。

(3) 某些化学药物可以减慢反应速度,如铁氰化钾(赤血盐)。

(4) 温度高聚合快,温度低聚合慢。

以上几点在制备凝胶时必须注意。凝胶的筛孔、机械强度及透明度等很大程度上由凝胶的浓度和交联决定。每100 ml凝胶溶液中含有单体和交联剂的总克数称凝胶浓度,常用T%表达;凝胶溶液中交联剂占单体和交联体总量的百分数称为交联度,常用C%表示。

交联度过高,胶不透明并缺乏弹性;交联度过低,凝胶呈糊状。聚丙烯酰胺凝胶具有较高的黏度,它不防止对流减低扩散的能力,而且因为它具有三度空间网状结构,某分子通过这种网孔的能力将取决于凝胶孔隙和分离物质颗粒的大小和形状,这是凝胶的分子筛作用。由于这种分子筛作用,这里的凝胶并不仅是单纯的支持物,因此,在电泳过程中除了注意电泳的基本原理以外,还必须注意与凝胶本身有关的各种性质(网孔的大小和形状等)。

有人测定了总浓度为20%的丙烯酰胺液,在六种不同比例的双丙烯酰胺的存在下,聚合后的网孔大小。发现孔径与总浓度有关,总浓度愈大,孔径相应变小,机械强度增强。在总浓度不变时,甲叉双丙烯酰胺的浓度在5%时孔径最小,高于或低于此值时,聚合体孔径都相对变大。凝胶孔径在凝胶电泳中是一个重要的参数,它往往决定了电泳的分离效果。经过不断的实践,得到了如表1-3-3所示的经验值,在一般情况下,大多数生物体内的蛋白质采用7.5%

浓度的凝胶,所得电泳结果往往是满意的,因此称由此浓度组成的凝胶为"标准凝胶"。对那些用于重要研究的凝胶,最好通过采用10%的一系列凝胶浓度梯进行预先试验,以选出最适的凝胶浓度。

表1-3-3　不同分子量物质的适用凝胶浓度

物质	分子量范围	适用的凝胶浓度(%)
蛋白质	$<10^4$	$20\sim30$
	$(1\sim4)\times10^4$	$15\sim20$
	$4\times10^4\sim1\times10^5$	$10\sim15$
	$(1\sim5)\times10^5$	$5\sim10$
	$>5\times10^5$	$2\sim5$
核酸	$<10^4$	$10\sim20$
	$10^4\sim10^5$	$5\sim10$
	$10^5\sim2\times10^6$	$2\sim3.6$

聚丙烯酰胺凝胶电泳可分为连续的和不连续的两类。前者指整个电泳系统中所用的缓冲液、pH和凝胶网孔都是相同的;后者指在电泳系统中采用了两种或两种以上的缓冲液、pH和孔径,不连续电泳能使稀的样品在电泳过程中浓缩成层,从而提高分辨能力。

蛋白质在聚丙烯酰胺凝胶中电泳时,它的迁移率取决于它所带净电荷以及分子的大小和形状等因素。如果加入一种试剂使电荷因素及分子的形状消除,那么电泳迁移率就取决于分子的大小,就可以用电泳技术测定蛋白质的分子量。1967年,Shapiro等发现阴离子去污剂十二烷基硫酸钠(SDS)具有这种作用。通过向样品中添加巯基乙醇和过量SDS,使蛋白质变性解聚,并让SDS与蛋白质结合成带强负电荷的复合物,从而掩盖蛋白质之间原有电荷的差异。SDS通常与蛋白质以1.4∶1的重量比结合,所引入净电荷量约为蛋白质本身静电荷的10倍,从而形成具有均一电荷密度和相同荷质比的SDS-蛋白质复合物。该复合物所带的电荷远远超过蛋白质原有的净电荷,从而消除或大大降低了不同蛋白质之间所带净电荷的不同对电泳迁移率的影响。SDS-蛋白质复合物具有扁平而紧密的椭圆形或棒状结构,棒的短轴在18Å的数量级,保持恒定,而长轴的变化正比于蛋白质的分子量。因此,SDS-蛋白质复合物消除了蛋白质天然形状的不同对电泳迁移率的影响。因此,蛋白质在SDS-聚丙烯酰胺凝胶电泳(SDS-PAGE)中的迁移率主要取决于其分子大小。由于SDS与蛋白质的结合,电泳迁移率在外界条件固定的情况下,只取决于蛋白质分子量大小这一因素,使得SDS-聚丙烯酰胺凝胶电泳具有分辨率高、重复性好等特性,因此被广泛应用于未知蛋白质分子量的测定。

三、分子克隆技术

(一)限制性内切酶酶切与连接

基因克隆也叫DNA分子克隆,即在体外重组DNA分子,实现该技术的关键是一种被称作限制性核酸内切酶的工具酶。每一种限制性核酸内切酶可以识别DNA分子上特定的碱基序列,切断 DNA 分子。依据碱基互补的原理,在 DNA 连接酶的作用下可以把切开的 DNA 片段连接起来,因此可以把目的片段连接到合适的载体上形成重组子。

(二)转化与转染

作为表达载体,必须具有复制起始序列、多克隆位点及选择标记的功能,可以在宿主细胞中进行自我复制或整合到宿主基因组中进行复制。作为宿主的工程菌或细胞在某些化学条件或物理刺激下会改变其细胞膜的通透性,从而易于将细胞表面附着的外源基因吸收到细胞内,这一过程即转化(工程菌)或转染(细胞)。

利用选择标记可以很容易地鉴别成功导入目的基因的工程菌或细胞,如抗生素抗性筛选。凡是成功导入重组载体的工程菌或细胞均获得某种抗生素抗性,而未导入的工程菌或细胞则不能在含该抗生素的培养基中生长。

(三)聚合酶链式反应

聚合酶链式反应,即 PCR。PCR 技术的基本原理类似于 DNA 的天然复制过程,其特异性依赖于与靶序列两端互补的寡核苷酸引物。PCR 由变性—退火—延伸三个基本反应步骤构成。PCR 各步骤如下:

(1) 预变性:破坏 DNA 中可能存在的较难破坏的二级结构,使 DNA 充分变性,减少 DNA 复杂结构对扩增的影响,以利于引物更好地和模板结合,特别是对于基因组来源的 DNA 模板,最好不要省略这个步骤。此外,在一些使用热启动 Taq 酶的反应中,还可激活 Taq 酶,从而使 PCR 反应得以顺利进行。

(2) 变性—退火—延伸循环:①模板 DNA 的变性:模板 DNA 经加热至 93 ℃左右一定时间后,使模板 DNA 双链或经 PCR 扩增形成的双链 DNA 解离,使之成为单链,以便它与引物结合,为下轮反应做准备。②模板 DNA 与引物的退火(复性):模板 DNA 经加热变性成单链后,温度降至 55 ℃左右,引物与模板 DNA 单链的互补序列配对结合。③引物的延伸:DNA 模板-引物结合物在 TaqDNA 聚合酶的作用下,以 dNTP 为反应原料,靶序列为模板,按碱基配对与半保留复制原理,合成一条新的与模板 DNA 链互补的半保留复制链。重复循环变性—退火—延伸三过程就可获得更多的"半保留复制链",而且这种新链又可成为下次循环的模板。每完成一个循环需 2～4 min,2～3 h 就能将待扩目的基因扩增放大几百万倍。

(3) PCR 仪扩增循环后 72°延伸 10 min:用 PCR 仪扩增时,变性—退火—延伸循环完成后,继续 72°延伸 10 min 的原因:①延伸时间取决于待扩增 DNA 片段的长度(当然是在反应体系一定的条件下)。②根据延伸速率推得,扩增 1 kb 以内的 DNA 片段 1 min 即可,而 3～4 kb 则需要 3～4 min,依次照推。通常在最后一轮要适当地将延伸时间延长至 4～10 min,这样做是使 PCR 反应完全,以提高扩增产量。③继续 72°延伸 10 min 除了可以使 PCR 反应完全以提高扩增产量外,还有一个作用是:在用普通 Taq 酶进行 PCR 扩增时在产物末端加 A 尾的作用,可以直接用于 TA 克隆的进行。

整个分子克隆从设计引物开始,根据需要拿到的目的蛋白质相应的核酸序列,设计出含有酶切位点及所需 Tag 的特异性引物,图 1-3-1 给出了分子克隆的基本流程:

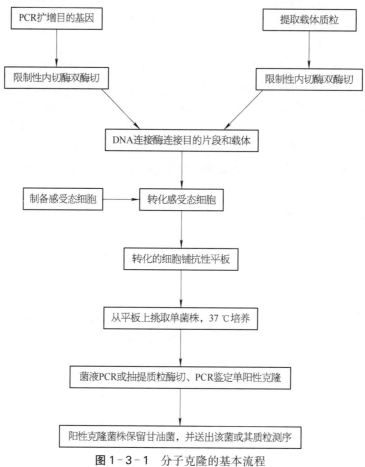

图 1-3-1 分子克隆的基本流程

第二节 分子生物学实验常用仪器介绍

(一) 培养箱

在分子生物学试验中,有很多反应都是在特定温度下进行的,这时需要一个控温的装置。例如:用于细菌的平板培养,我们通常设定为 37 ℃,于培养箱中倒置培养;其他分子生物学实验如酶切等需要 25 ℃、30 ℃、37 ℃等条件。

(二) 冰箱

冰箱是实验室保存试剂和样品必不可少的仪器。分子生物学实验中用到的试剂有些要求是在 4 ℃中保存,有些要求是在 -20 ℃中保存,实验人员一定要看清试剂的保存条件,放置在恰当的温度下保存。具体地,不同温度下保存的物品如下:

(1) 4 ℃适合储存某些溶液、试剂、药品等。

(2) -20 ℃适用于某些试剂、药品、酶、血清、配好的抗生素和 DNA、蛋白质样品等。

（3）－80 ℃适合某些长期低温保存的样品、大肠埃希菌菌种、纯化的样品、特殊的低温处理消化液、感受态等的保存。

（4）0～10 ℃的层析冷柜适合低温条件下的电泳、层析、透析等实验。

（三）摇床

摇床是实验室常用仪器,一般有常温型和低温型两种。对于分子生物学实验室,如果能配置低温型摇床,就可以适应不同的实验需求。例如:用于大肠埃希菌、酵母菌等生物工程菌种的振荡培养及蛋白的诱导表达,培养通常在 28 ℃和 37 ℃,诱导表达需要 20～37 ℃;在感受态的制备过程中,需要 18 ℃的温度控制;用于蛋白质凝胶的染色脱色时振荡,使用常温;用于大肠埃希菌常规转化时振荡复苏,常为 37 ℃。对于控制温度低于室温时,我们需要低温型摇床来控温。

（四）水浴锅

水浴锅也是一种控温装置,水浴控温对于样品来说比较快速且接触充分。例如:用于 42 ℃的大肠埃希菌转化时的热激反应;用于 DNA 杂交过程中的水浴控温。

（五）烘箱

烘箱是用于灭菌和洗涤后的物品烘干。烘箱有不同的控温范围,用户可以根据实验需求进行选择。例如:有些塑料用具只能在 42～45 ℃的烤箱中烘干;用于 RNA 方面的实验用具,需要在 250 ℃的烤箱中烘干。

（六）纯水装置

纯水装置包括蒸馏水器和纯水机。蒸馏水器的价格便宜,但在造水过程中需要有人值守;纯水机价格高些,但是使用方便,可以储存一定量的纯水。纯水也有不同的级别,一般实验用水需要纯水,PCR、DNA 测序、酶反应用水均需要超纯水。

（七）灭菌锅

分子生物学所用到的大部分实验用具都应严格消毒灭菌,包括实验物品、试剂、培养基等。灭菌锅也有不同大小、型号,有些是手动的,有些是全自动的。用户可以根据自己的需要选购。

（八）天平

天平用于精确称量各类试剂。实验室常用的是电子天平,电子天平按照精度不同有不同的级别。

（九）液体量器

液体量器用于精密量取各类液体。常见的液体量器有量筒、移液管、微量取液器、刻度试管、烧杯。

（十）pH 计

用于配置试剂时精确测量 pH,从而保证配置溶液的精确性。有时也需要利用 pH 计测定样品溶液的酸碱度。

（十一）分光光度计

分光光度计通过测定吸光值,从而分析样品核酸和蛋白的含量及纯度;同时也可以测定培养菌液的浓度。

（十二）离心机

离心机有冷冻和常温之分,主要用于收集微生物菌体、细胞碎片以及其他沉淀物。有些样品由于在常温下不太稳定,需要低温环境。例如:在感受态制备过程中必须保证低温环境,所以需要冷冻离心机。

(十三) 超净工作台

分子生物学中凡是涉及对细菌的操作均需在超净工作台上完成,还有感受态制备、转化反应等,都需要无菌的环境。

(十四) 生物安全柜

分子实验中涉及的试剂和样品很多是有毒的,对于操作人员来说伤害较大。为了防止有害悬浮微粒、气溶胶的扩散,可以利用生物安全柜对操作人员、样品及样品间环境提供安全保护。

(十五) 微波炉和电炉

用于溶液的快速加热,如电泳琼脂糖凝胶的加热溶化配制、固体培养基的加热溶化。

(十六) 液氮罐

分子生物学实验中感受态细胞的制备需要液氮处理。感受态也可以存于液氮中。

(十七) 制冰机

实验室常用的是雪花制冰机,制冰机一般按每日制冰量分成不同的型号。分子实验室中制造大多数核酸、蛋白质的实验操作需要低温环境,以减少核酸酶或蛋白质酶的水解。感受态制备也需要长时间冰浴。

(十八) 磁力搅拌器

在配置试剂过程中,有些试剂较难溶解,这时需要借助磁力搅拌器。磁力搅拌器可以加速溶解固体内容物。磁力搅拌器一般带加热功能。

(十九) 电泳系统

实验室常用的电泳主要是三种:水平电泳用于核酸 DNA/RNA 的琼脂糖电泳检测;垂直电泳用于蛋白质的聚丙烯酰胺凝胶电泳检测;转印电泳用于将蛋白质转印到膜上做 Western 检测。

(二十) PCR 仪

PCR 仪有不同的类型,分别用于不同的实验。普通和梯度 PCR 仪用于基因克隆和基因检测过程中 DNA/RNA 的扩增。荧光定量 PCR 仪用于核酸定量分析、基因表达差异分析、单核苷酸多态性检测、甲基化检测。原位 PCR 仪用于鉴定和定位带有靶序列的细胞在组织中的位置。

(二十一) 凝胶成像分析系统/紫外检测仪

凝胶成像系统用于对染色后的核酸琼脂糖电泳胶和蛋白质聚丙烯酰胺凝胶的观察和拍照。有些可以进行切胶操作。紫外检测仪可以用于对染色后的核酸琼脂糖电泳胶的观察,胶回收时要切胶操作,但是不能连接电脑拍照。

第三节　数字式十二道心电图机(ECG‐1210)操作要点

数字式十二道心电图机为便携式心电图机,适用于医院、诊所及移动医疗中,用于提取人体的心电波群,供临床诊断及研究。所记录的心电波有标准肢体I～III导联,单极加压肢体导联 aVR、aVF 和 aVL,以及胸导联 V1～V6 共 12 个心电波形。心电图机的外形面板布局见图 1‐3‐2。

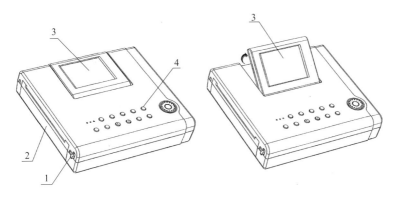

序号	名称	说明
1	纸仓门开启按钮	按下开启按钮,纸仓门自动打开,放置或取出记录纸
2	记录纸仓	开启可安装记录纸
3	液晶显示器	显示被检查者心电图、患者信息及设备状态。液晶显示器倾斜度0°~80°可调
4	操作按钮	控制仪器操作和进行信息输入

图1-3-2 ECG-1210心电图机面板布局

面板上的功能操作按钮区及其具体功能见图1-3-3。

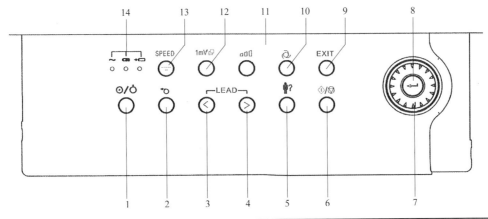

序号	名称	说明
1	开机/关机键	用于启动和关闭系统
2	进纸键	用于进纸
3 4	换导键	用于手动记录模式下导联的切换,以及分屏显示模式下屏幕的切换
5	患者信息输入按键	用于进入患者信息录入界面
6	记录/停止记录键	用于开始和停止打印心电图
7 8	飞梭	用于切换菜单或菜单项。按下中间的"Enter"键可以确认选中菜单或界面上的选项,同时也可以确定输入的信息

续　表

序号	名称	说　明
9	退出键	用于退出当前界面
10	记录模式按键	用于进入记录模式界面,设置记录模式和记录格式
11	增益键	用于灵敏度的切换。对于 10 或 5 mm/mV,肢导联增益为 10 mm/mV,胸导联增益为 5 mm/mV;对于 20 或 10 mm/mV,肢导联增益为 20 mm/mV,胸导联增益为 10 mm/mV
12	定标/复制键	① 在手动记录模式下,按此键可打印 1 mV 定标波形,以了解灵敏度的状态 ② 用于复制前一份自动记录模式下的波形与分析报告
13	走纸速度键	用于调节打印波形时的走纸速度
14	电源状态指示灯	指示当前机器的电源状态,从左到右 3 个指示灯分别是:交流电源指示灯、电池指示灯和电池充电指示灯

图 1 - 3 - 3　ECG - 1210 心电图机操作按钮区及相应功能

心电图机的操作流程见图 1 - 3 - 4。

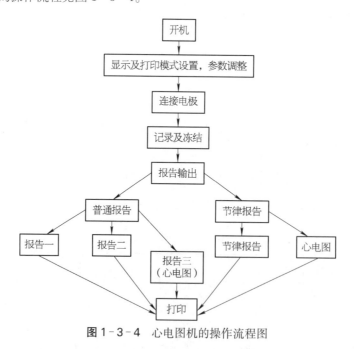

图 1 - 3 - 4　心电图机的操作流程图

(一) 开机

点按面板操作按钮区左下方 **⏻/⏼** 按钮,打开电源。若电极已连接到受试者,则屏幕即刻显示所记录到的心电图。图 1 - 3 - 5 为同屏显示 3×4 导联格式的波形界面。

(二) 显示及打印模式设置与参数设置

旋转飞梭,高亮显主屏幕底部的"显示"按钮,点击飞梭中央的"Enter"键,可选择各导联心电波

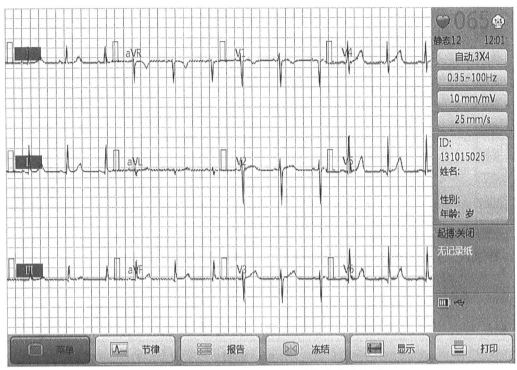

图 1-3-5 同屏显示 3×4 导联格式波形界面

形在屏幕上的显示模式。可选择"分屏"或"同屏"显示模式,另外可选择同一屏幕显示时各波形的分布形式,如 12×13×4、2×6、3×4+1 及 2×6+1 等。因为一般学生在实验中不连接胸导联,因此,一般选择 2×6+1 模式,即分两屏显示,每屏 6 条曲线,另外在 6 条曲线下再添一条心电波形,例如,添加一条Ⅱ导联心电曲线。屏幕上显示的内容,也将以相同方式打印在随机附带的打印纸上。

当出现干扰时,可选择屏幕底部"菜单"按钮,随后点击屏幕右侧上方的"ECG 设置",对"低通滤波器""交流滤波器""基线漂移滤波器"等参数进行设置,以消除干扰。

(三) 连接电极

电极的连接方式见图 1-3-6。

肢电极				
	欧标(IEC)	美标(AHA)	描述	示意
	R 红色	RA 白色	接右手	
	L 黄色	LA 黑色	接左手	
	N 黑色	RL 绿色	接右腿	
	F 绿色	LL 红色	接左腿	

标准 12 导联胸电极				
	欧标（IEC）	美标（AHA）	描述	示意
A	C1 红色	V1 红色	胸骨右缘第四肋间隙	
B	C2 黄色	V2 黄色	胸骨左缘第四肋间隙	
C	C3 绿色	V3 绿色	B 与 D 中间	
D	C4 棕色	V4 蓝色	左锁骨中线第五肋间隙	
E	C5 黑色	V5 橙色	左腋前线与 D 同一水平	
F	C6 紫色	V6 紫色	左腋中线与 D 同一水平	

图 1 - 3 - 6　ECG - 1210 心电图机电极连接方法

（四）记录及冻结

按图 1 - 3 - 6 要求正确连接电极后，屏幕显示各波图形。图 1 - 3 - 7 显示屏幕上各区域的说明。

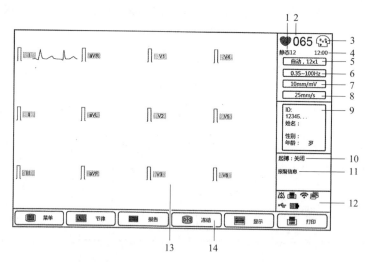

编号	名称	说　明
1	心电模式区	显示当前心电模式
2	心率显示区	显示心率的数值
3	导联状态区	显示电极在人体连接的位置、状态的图形，选择可查看大图。如果导联连接正常，电极连接位置显示为绿色；如果连接不正常，如电极脱落等，则呈红色并闪烁，作为警示
4	时间显示区	显示系统时间
5	工作模式区	选择可设置记录模式和记录格式

续　表

编号	名称	说　　明
6	滤波器状态区	显示当前滤波器状态
7	增益	显示增益
8	走纸速度	显示走纸速度
9	患者信息区	选择可进入患者信息界面,对患者信息进行设置
10	起搏状态区	显示当前的起搏状态
11	报警信息区	文字提示报警区,显示导联线、打印头、记录纸的状态,以及导联脱落、工频干扰、肌电干扰、基线漂移和数据溢出等
12	系统状态提示区	可提示系统静音、记录、WiFi、USB、电池等的使用情况
13	实时波形显示区	显示实时采集到的波形
14	功能按键区	选择可进行相应功能的操作

图 1-3-7　ECG-1210 心电图机各区域功能说明

开始记录时,从心电图机的面板操作区输入"定标",根据波形大小,在面板操作区选择适当的"增益",并适当调整滤波器以消除干扰的影响[见(二)显示及打印模式设置与参数设置]。

当记录到满意的波形后,选择屏幕底部的"冻结"按钮,从而可对波形进行分析。

（五）报告输出

点击选择屏幕下方的"报告"按钮,可对"普通报告"和"节律报告"进行选择。

点击"普通报告"可产生报告一、报告二和报告三,其结果分别见图 1-3-8～图 1-3-10。

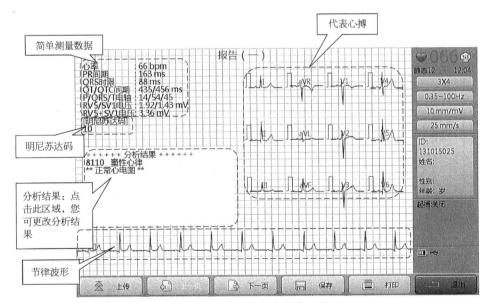

图 1-3-8　普通报告中报告一界面

分析报告一包括简单测量数据、明尼苏达码、代表心搏、分析结果和节律导联波形。

报告（二）

		I	II	III	aVR	aVL	aVF	V1	V2	V3	V4	V5	V6
P振幅	uV	103	94	-34	-112	59	41	82	89	89	75	80	71
P'振幅	uV												
T振幅	uV	371	486	158	-428	128	311	-211	247	474	681	814	612
Q时限	ms	9	19	11			17					21	20
Q振幅	uV	-61	-130	-82			-107					-224	-217
R时限	ms	40	66	57	16	26	61	21	38	30	51	39	75
R振幅	uV	928	1422	704	91	215	1018	399	573	522	1176	1924	1676
S时限	ms				54	27		57	56	46	30		
S振幅	uV				-1176	-256		-1433	-1841	-1236	-561		
R'时限	ms												
R'振幅	uV												
S'时限	ms												
S'振幅	uV												
ST J	uV	16	55	36	-34	-11	45	-48	-57	11	2	20	82
Q时限(等效)	ms												
T'振幅	uV												
T振幅(mod)	uV	365	457	147	-415	103	279	-245	82	284	539	684	548
VAT	ms	31	41	39	13	23	43	11	29	19	38	37	38
QRS面积40 ms	uV	17	28	22	-28	-2	30	-34	-30	-14	16	32	39
ST MID	uV	11	20	6	-16	2	13	16	119	149	105	55	6
ST END	uV	27	50	20	-38	2	34	50	199	245	183	130	71
TUP													
delta波													

静态12　12:04　3X4　0.35~100Hz　10 mm/mV　25 mm/s　ID：131015025　姓名：　性别：　年龄：岁　起搏关闭

上传　上一页　下一页　保存　打印　退出

图 1 - 3 - 9　普通报告中报告二界面

分析报告二包括详细的测量数据。

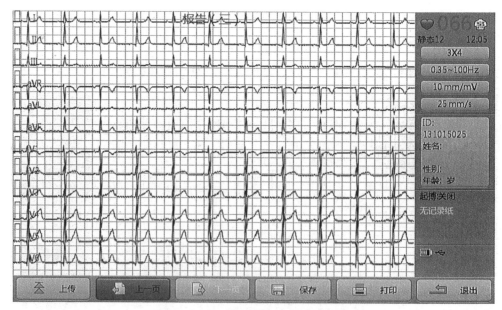

图 1 - 3 - 10　普通报告中报告三界面

分析报告三包括所有导联波形。

若选择"节律报告"可产生节律报告和图形两个子项。

无论"普通报告"还是"节律报告"均含有"打印"选项,可打印各屏幕显示的报告内容。

第四节 肺功能测量仪操作要点

肺功能测量仪(respirometry meter)由呼吸换能器和电脑系统两大部分组成。呼吸换能器(图1-3-11)可把受试者通过嘴件吹出的气体流量转换为相应的电信号输入计算机系统,在计算机屏幕上显示出受试者呼出气量的变化。

图1-3-11 呼吸换能器

肺功能测量仪的核心是计算机系统。打开计算机电源,进入 Windows 系统后,点击桌面的"Spirometry PC Software"快捷键,进入肺功能仪的软件操作界面主页面(图1-3-12)。

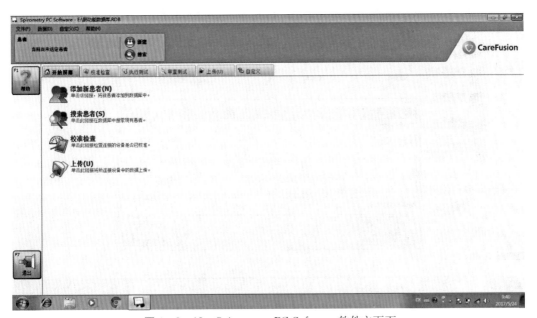

图1-3-12 Spirometry PC Software 软件主页面

点击屏幕左侧上方"患者"窗口中的"新建"按钮,或屏幕主窗口中的"添加新患者"按钮,添加受试者的详细信息(图1-3-13)。

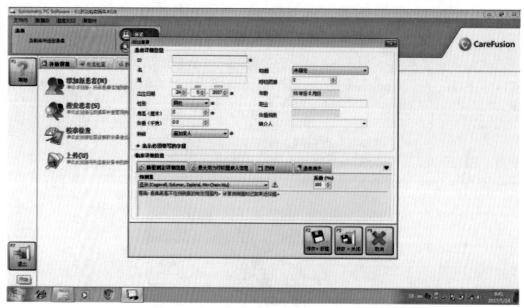

图1-3-13 添加新受试者信息

对已录有信息的受试者,可点击屏幕左侧上方"患者"窗口中的"搜索"按钮,或屏幕主窗口中的"搜索患者"按钮,选择已有的受试者(图1-3-14)。

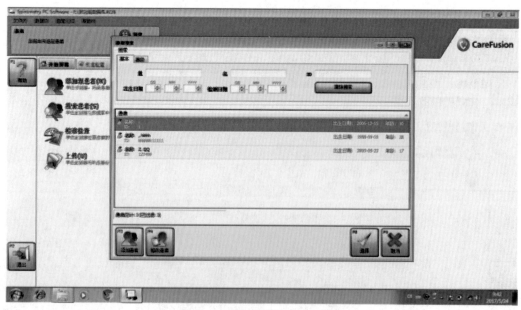

图1-3-14 搜索已有的受试者

添加新受试者或选择了已有信息的受试者后,屏幕如图1-3-15显示。

图1-3-15 添加或选择受试者后计算机屏幕的显示界面

此时,点击主窗口区中的"＊＊的新检测",或者主窗口上方菜单栏中的"执行检测",开始进行肺功能测定(图1-3-16)。

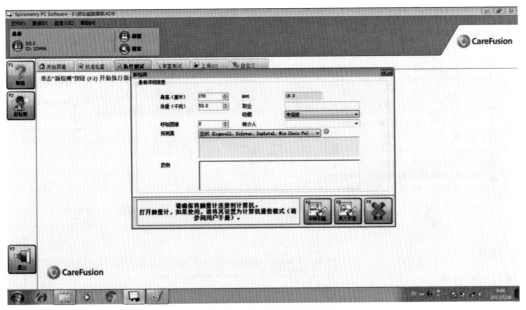

图1-3-16 执行检测界面

点击图1-3-16弹出窗口中的"平静初值",进行肺活量测定。受试者身体端坐,用鼻夹夹住两侧鼻翼,口中含有呼吸用的嘴件,当受试者熟悉了通过嘴件呼吸后,将嘴件套在呼吸换能器上,深吸气后受试者把肺内的气体尽量吐出。此时屏幕界面如图1-3-17所示,呼吸曲线随受试者的呼吸深度及测试时间而变。在主窗口的右上方小窗口中,可显示潮气量(TV)和肺活量(VC)的数据。

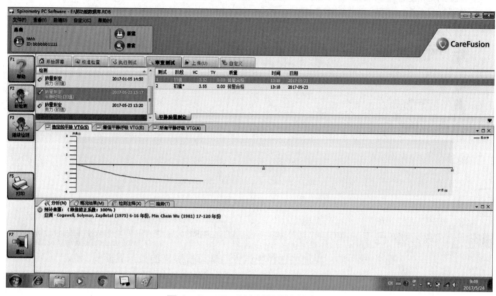

图1-3-17 肺活量测量的界面

此时可以点击屏幕最左侧的"帮助""新检测""继续检测""打印"和"退出"等5个按钮,选择不同的后续操作。

若在图1-3-16的弹出窗口中选择"用力初值",则记录受试者的用力呼气量(图1-3-18)。

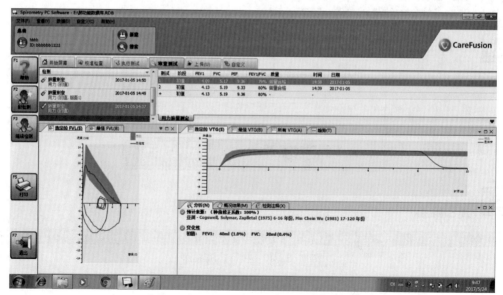

图1-3-18 用力呼气量测量的界面

测试的条件和方法与测定肺活量的方法一致,唯一的要求是受试者用最大的力气、最快的速度把肺内的气体呼出。图1-3-17主窗口右上方小窗口内显示了第一秒呼出的气量(FEV1)、用力肺活量(FVC)和用力呼气量(FEV1/FVC)的数据。

此时也可以点击屏幕最左侧的"帮助""新检测""继续检测""打印"和"退出"等5个按钮,选择不同的后续操作。图1-3-19显示打印选项启动后打印页面显示的内容。

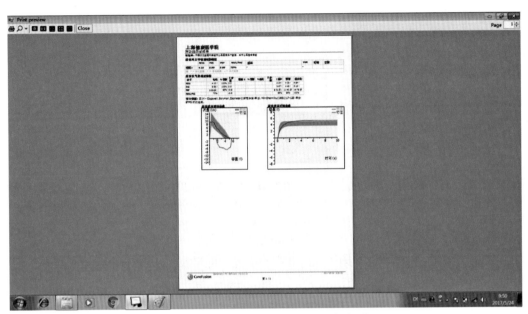

图1-3-19 用力呼气量测试后的打印页面

第五节 基础医学互动学习与实验中心设备使用说明

一、人卫3D解剖学(实验室版)

(一)软件启动

在插入U盾的情况下,点击"开始"正式进入主界面,引导界面上可查看本软件的制作人员情况,点击引导界面"开始"按钮即进入本软件主界面。进入主界面(图1-3-20)即可对本软件进行各种有效操作。

(二)目录菜单

主界面左上方为"目录菜单"(图1-3-21),主要分为人体菜单、模板菜单、视频菜单,不同的主菜单目录下的章节目录内容与主目录相对应,点击相应的章节目录,打开相应的子菜单目录。

(三)首页菜单

点击"首页菜单"(图1-3-22)激活人体章节菜单,进入软件默认打开的首页为人体菜单,打开对应的人体子菜单,点击人体子菜单调用相应子菜单下的模型。

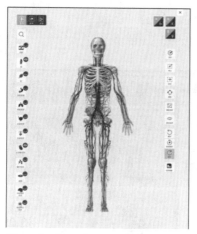

图1-3-20　人卫3D解剖学(实验室版)软件主界面

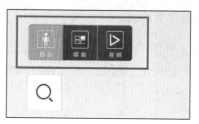

图1-3-21　目录菜单

图1-3-22　首页菜单

(四)模板菜单

点击"模板菜单"(图1-3-23),激活模板菜单下的模板章节菜单;点击模板章节菜单,打开模板章节子菜单。子模板是经过医学专家预先配置的模型组合,点击一个模板子菜单缩略图进入相应的子模板,调用相应的模型。

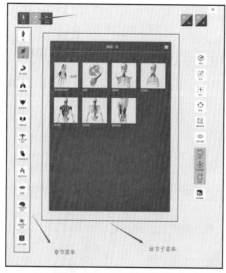

图1-3-23　模板菜单

图1-3-24　视频菜单

(五)视频菜单

点击"视频菜单"(图1-3-24)按钮,激活视频菜单下的视频子菜单。

（六）视频子菜单

视频子菜单(图1-3-25)为缩略图和名称显示,点击视频子菜单缩略图/名称功能区,打开相应的教学视频。

图1-3-25 视频子菜单

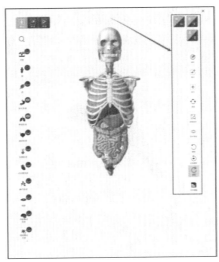

图1-3-26 功能菜单

（七）功能菜单

主界面右侧为功能按钮区域(图1-3-26)。

（八）模型区

在模型区(图1-3-27)内可对当前章节的模型结构进行选中、旋转、缩放、拖动等操作。选中模型会弹出模型操作界面,在模型操作界面上设有"隐藏""隐藏其他""透明"3个有效操作按钮。

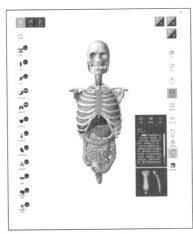

图1-3-27 模型区

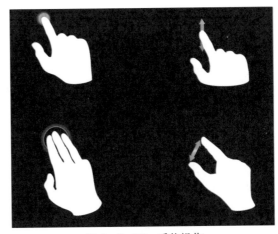

图1-3-28 手势操作

（九）基本的手势操作

一根手指旋转,两根手指放大缩小,三根手指平移(图1-3-28)。

二、人卫 3D 系统解剖学(VR 版)

(一)手柄控制器

手柄控制器是一款单独的设备,分别为左、右手柄(图 1-3-29、图 1-3-30)。用户通过手柄控制器在虚拟场景中控制模型的操作。

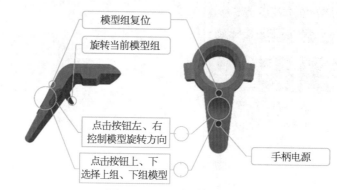

图 1-3-29　右手柄效果图

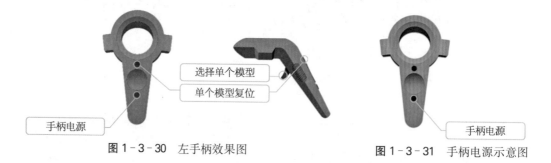

图 1-3-30　左手柄效果图　　　　　　图 1-3-31　手柄电源示意图

长按系统按钮启动手柄。操作时注意以下几点:①要启动操控手柄,请按下系统按钮。您会听到"哔"声并感到振动。操控手柄的状态指示灯(图 1-3-31),让您知道操控手柄是否已经启动。②要给操控手柄充电,请使用所附带的 micro-USB 数据线和电源适配器。③注意先启动的手柄为右手操控手柄,后启动的手柄为左手操控手柄。

(二)电脑开机

1. 启用 Steam ® VR 程序(图 1-3-32)

图 1-3-32　运行 Steam ® VR 图标

图 1-3-33　软件系统图标

2. 启动软件

第一步:点击桌面人卫 3D 系统解剖学(VR 版)的图标(图 1-3-33)。

第二步:启动软件(图1-3-34),以管理员身份运行软件。

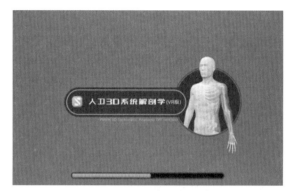

图1-3-34 启动软件

第三步:启动成功,软件进入人卫3D系统解剖学(VR版)初始界面(图1-3-35)。

图1-3-35 人卫3D系统解剖学(VR版)初始界面

(三)场景使用

请带上HMD,拿起手柄,进入场景进行体验(图1-3-36)。

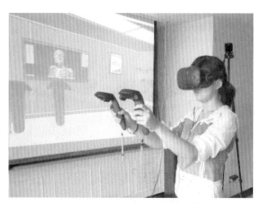

图1-3-36 场景体验

(四) 功能操作

1. 模型菜单界面

第一步:前往软件菜单界面(图1-3-37)。当模型图标显示为灰色时,表示当前模型组为关闭状态。模型组包括骨骼模型、肌肉模型、心血管模型、神经模型、淋巴模型、内脏模型。

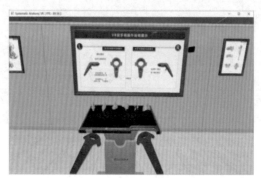

图1-3-37　菜　单　界　面

第二步:使用右手手柄,按住扳机(图1-3-38),点亮图标。当模型图标显示为蓝色(图1-3-39),为选中当前模型组。

图1-3-38　操作扳机

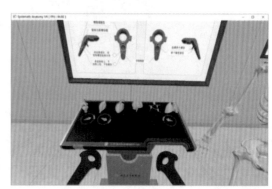

图1-3-39　菜单界面选中模型

第三步:显示所选人体模型(图1-3-40)。

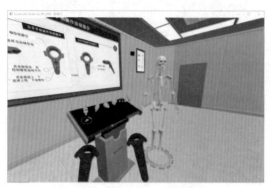

图1-3-40　显示人体模型

2. 旋转模型

(1) 单个模型旋转

第一步:前往所需观察的人体模型(图1-3-41)。

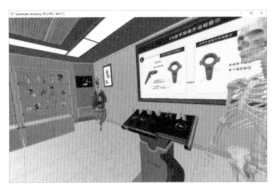

图1-3-41 菜单界面前往模型

第二步:使用右手手柄,按住扳机,选中单个模型可360°观察(图1-3-42)。对准所选模型,即可选中当前单个模型。拖动当前单个模型,可360°观察(图1-3-43)。

选择单个模型

图1-3-42 选择单个模型

图1-3-43 拖动单个模型

(2) 当前模型组旋转

第一步:前往所需观察人体模型组,选中当前模型组(图1-3-44)。当地面显示蓝色光圈,为选中当前模型组。

第二步:旋转方向控制。通过左手手柄上方圆形控制键中的左或右按键对人体模型旋转方向进行控制(图1-3-45)。

第三步:左手手柄选中模型组。摁下左方向按钮,使得选中的模型组顺时针自动旋转。

第四步:按下右方向按钮,使得选中的模型逆时针旋转。

图1-3-44 选中模型组

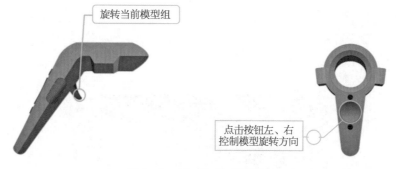

图 1-3-45　旋 转 模 型 组

3. 复位模型

(1) 单个模型复位

第一步:前往所需复位人体模型(图 1-3-46)。

图 1-3-46　前往人体模型

图 1-3-47　选中单个模型

第二步:选中当前单个模型(图 1-3-47)。

第三步:使用右手手柄,按住复位键(图 1-3-48),即可复位。

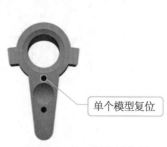

图 1-3-48　复位键位置

图 1-3-49　选中模型组

(2) 当前模型组复位

第一步:前往所需复位人体模型组。地面显示蓝色光圈为选中当前模型组(图1-3-49)。

第二步:选中当前模型组,使用左手手柄,按住复位键,即可一键快捷复位(图1-3-50)。按复位键后,模型组恢复初始状态。

图1-3-50 复位模型组

三、数字人解剖系统

(一)系统操作

软件启动:双击桌面数字人图标,运行数字人客户端软件,进入主界面(图1-3-51)。

图1-3-51 数字人解剖系统主界面(全屏模式)

(二)磁贴列表操作

以系统解剖学列表为例进行说明(图1-3-52),局部解剖学和断层解剖学与系统解剖学类似。

1. 列表界面简介

列表界面主要由以下几个部分组成。

(1)系统分类区(图1-3-53):根据系统解剖学的主要系统进行分类,可根据不同的系统进行使用。列表更贴近教学,更清晰,更便捷。

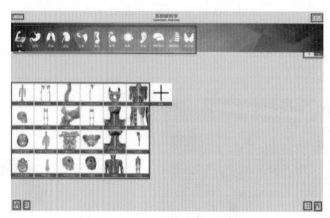

图 1 - 3 - 52　系统解剖学列表界面

图 1 - 3 - 53　系统解剖学列表-系统分类区

(2) 列表区(图 1 - 3 - 54):根据系统解剖学教学及学习需求,预制典型列表。

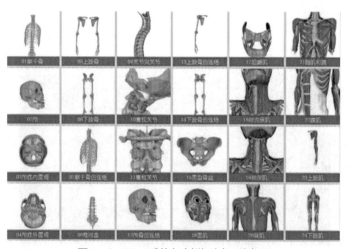

图 1 - 3 - 54　系统解剖学列表-列表区

2. 列表操作详解

(1) 返回主界面,有两种方式:①点击左上角 〈主页 ,返回到主界面。②点击左下角或右下角 ,返回到主界面。

(2) 各个系统之间的切换:点击列表界面上部的系统列表,切换各个系统。

(3) 男女列表切换:点击 男 女 ,切换男女列表。

3. 其他磁贴列表

(1) 局部解剖学列表(图 1 - 3 - 55):与系统解剖学操作类似。

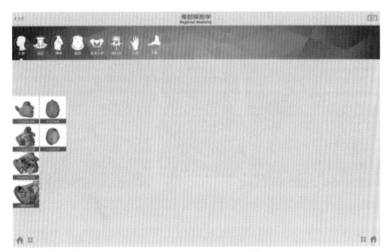

图 1 - 3 - 55 局部解剖学列表界面

（2）断层解剖学列表（图 1 - 3 - 56）：与系统解剖学操作类似。

图 1 - 3 - 56 断层解剖学列表界面

（三）模型主场景操作

点击任意列表磁贴成员，进入模型展示场景（图 1 - 3 - 57）。以系统解剖学场景为例进行操作说明，局部解剖学场景与之类似。

1. 模型主场景操作详解

（1）添加/删除人体 3D 模型：场景中 3D 模型的添加和删除通过系统目录进行操作。系统目录结构是从医学角度，对人体的所有已知的组织器官进行科学分类，形成的一个完整的目录体系（图 1 - 3 - 58）。目录结构是整个数字人解剖系统的总纲和索引。这些系统包含的大约 2 300 多个不可再分的解剖结构。每个结构都有中英文名称。

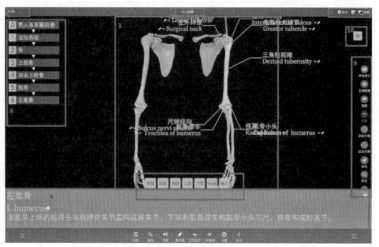

图 1-3-57 模型主场景

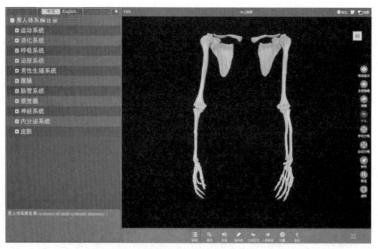

图 1-3-58 目录窗口

用户可以通过树形目录结构浏览所有的结构,也可以选择性地浏览某一个系统的组织结构,或者精确地选择某些组织结构。

1) 打开目录:点击功能按键区的 按键,在场景的左侧打开系统解剖学的目录。

2) 中英文目录切换:点击目录窗口的 中文 English ,切换目录中英文。

3) 目录添加/删除模型:点击目录后面的 添加模型, 删除模型。

4) 关闭目录:点击 按键或点击目录窗口 ,关闭目录窗口。

(2) 随手画:方便在课堂上进行白板教学(图1-3-59)。对当前模型的截图进行绘制和编制操作,并且编辑之后的图片可以保存。

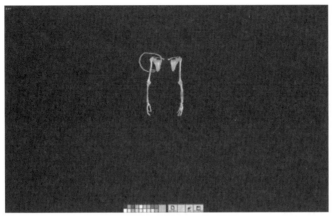

图 1‐3‐59 随 手 画 窗 口

（3）人体断层：断层部分是将人体从横断、矢状、冠状三个方向进行切割，形成均匀的断面展示（图1‐3‐60）。点击断层按钮开关，可显示横断、矢状、冠状三个断面的断层图像，如图1‐3‐61。用户在断面模式下可以进行各种功能操作。

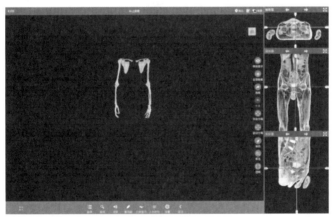

图 1‐3‐60 人体断层窗口

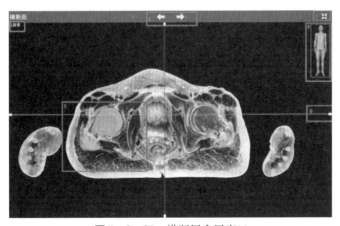

图 1‐3‐61 横断层全屏窗口

图 1-3-62
工具栏区

（4）模型操作（图 1-3-62）

1）单独显示：单独显示当前被选中的 3D 器官，隐藏其他未被选中的人体器官。

2）全部隐藏：将当前 3D 显示区域的所有人体器官都隐藏掉。

3）剥离：删除所选中的器官。

4）恢复：将之前隐藏的人体 3D 器官重新显示出来。

5）手动分离：选中后，可将模型手动拖动进行拆分。通过再次点击"自动分离"按键，模型可以自动回到原来未拆分状态。

6）自动分离：自动将人体模型向四周进行拆分操作。通过再次点击"自动分离"按键，模型可以自动回到原来未拆分状态。

7）染色：将当前人体模型进行随机染色，通过多次点击"染色"按键，可以显示多种染色方案。

8）框选：选中后，按下鼠标左键从左上向右下移动，对角线范围内的矩形为框选范围，在框选范围内的所有模型都可被选中。释放鼠标左键，框选状态自动跟随释放。

9）透明：调整选中模型的透明度。

（5）局部解剖学特殊操作（图 1-3-63）

图 1-3-63　局部解剖学 3D 场景

1）逐层剥离：根据局部解剖学目录结构，照模型的空间关系，进行逐层剥离或添加。

2）视频：局部解剖该区域对应的实体解剖的视频微课。

3）解剖线：局部解剖该区域对应的解剖线（图 1-3-64）。

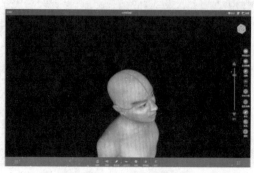

图 1-3-64　颅顶解剖线

2. 操作技巧

(1) 当 3D 器官操作不易转动对应角度时,可以点击人体 3D 模型快捷操作工具栏(图 1-3-65)中的前面观方式,此模式下比较容易转动需观察的 3D 器官。如果想观察某一特定器官,可以首先选中该器官,然后点击人体 3D 模型快捷操作工具栏中的"焦点"按钮,此时 3D 器官会自动以适当的大小移动至屏幕中间,方便针对其进行细致观察。观察完毕后,可以再次点击人体 3D 模型快捷操作工具栏中的"前面"按钮,3D 人体又回到初始位置,方便下一步操作。

图 1-3-65 3D 模型快捷操作工具栏

(2) 可以通过键盘"delete"键快速剥离选中的 3D 器官。

(3) 选中 3D 器官时,可点击 3D 视图左上角的"层次控件",快速显示 3D 器官的上一层所有结构。

(4) 键盘"ESC"键为取消器官所有的高亮状态。

(5) 键盘"Ctrl"键为加选器官,按住"Ctrl"键+鼠标左键点击器官,即可多选器官。

(6) 键盘"Shift"键为减选器官,按住"Shift"键+鼠标左键点击器官,即可把原来已选择的器官高亮去除。

(7) 键盘"↑""↓""←""→"键可上、下、左、右旋转器官。

四、虚拟解剖

(一)用户界面和布局

红框内为绘制窗口(rendering windows)(图 1-3-66)。图像绘制、表面模型和注释显示在该窗口中,各图标的功能见表 1-3-4。该窗口可以由键盘、鼠标、单点和多点触控来控制。

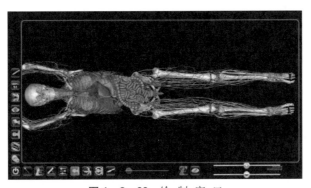

图 1-3-66 绘 制 窗 口

表 1 - 3 - 4   虚拟解剖绘制窗口图标及功能

图标	名称	描　　述
	程序工具栏	打开程序工具栏,其中包括 Open File, Male Full Body Scan, Female Full Body Scan, Image Library 等
	大头针工具	在体视角观察中放置 3D 大头针模型
	注释控制	打开启用/禁用注释对话框,显示或关闭注释。有关使用注释对话框的内容
	测量工具	点击该图标可显示与测量有关的几种图标。再次点击选择特定的测量工具。在体视角和层面视角观察中均可使用
	测距工具	第一步:选择测距工具; 第二步:点击体绘制图上的两点。红点表示选择点,两点由线段连接并显示距离
	测角工具	第一步:选择测角工具; 第二步:点击体绘制图上的三点。红点表示选择点,两条线段形成夹角并显示角度值
	删除测量	第一步:选择要删除的测量。该测量变为红色; 第二步:点击该图标,删除指定的测量
	全部清除	点击该图标,从体绘制图上删除所有测量
	预先设置	点击后显示全部可用的预设值。再次点击选择特定预设值。用户最多可创建 10 组预设值
	体绘制图的方向	点击选择所需的位置。从左上角起顺时针点击分别为冠状面、矢状面、横断面、翻转显示

图标	名称	描　　述
	1∶1 真实比例	点击该图标,将图像放大为真实比例
	切面控制	点击后显示全部可用的预设定切面。再次点击选择所需切面。体绘制图自动按照指定方向被截断
	预设切面	从左上角起顺时针点击分别为矢状面、冠状面、横断面、平行面。平行面将 Table 表面作为切面
	切面滑动杆	启用切面后,该滑动杆可以调节平面位置,但它只能调节最近指定的切面
	自定义切面模式	第一步:点击该图标启动自定义切面模式。程序做好了接收用户输入时图标会改变; 第二步:点击绘制窗口中的任何位置,并拖拽划过体绘制图形成自定义的切面。图像更新显示为当前自定义切面; 第三步:松开手指完成自定义。 您可以重复该操作,最多创建 6 个自定义切面
	翻转	点击该图标翻转切面。该操作对所有预设切面和最新自定义切面有效
	复位	点击该图标删除所有应用的切面(包括自定义和预设切面)
	探查工具	用于确定节段和用户创建的内容(仅适用于全身男性/叠加模型的全身女性/叠加模型的局部高清扫描)。点击图标启用该功能再次点击选择特定的探查工具
	隐藏工具	点击体绘制图的任意位置。距点击位置最近的结构从体绘制图上隐藏

图标	名称	描　述
	显示工具	点击体绘制图的任意位置。选中距点击位置最近的结构，其余体绘制元素均被隐藏
	透明工具	点击体绘制图或层面上的任意位置。可以对距点击位置最近的结构进行注释。在全身男性扫描的体视角观察中，该结构呈高亮度显示，其余结构均透明显示
	体绘制可视控制	点击该图标打开体绘制可视控制，调节绘制窗口中的图像。用户可以添加/删除显示的数据集，或者调整任何 DCM 文件数据集的体绘制观察的预设值
	亮度/对比度滑动杆	用于全身男性扫描、局部高清扫描时。向左右拖拽上面的滑动杆可以从体绘制中删除或添加主要系统。向左右拖拽上方滑动杆可以降低/提高绘制窗口中图像的亮度（强度）。向左右拖拽下方滑动杆可以降低/提高绘制窗口中图像的对比度
	观察定序器	点击该图标可以导入并回放 Invivo 5 软件创建的观察顺序。
	画笔工具	点击该工具显示可用的画笔工具。再次点击选择特定的画笔工具。然后，可在窗口中绘制
	预设的画笔工具的颜色	点击该图标，选择画笔工具的颜色。从左上角起顺时针点击分别为红色、白色、黄色、蓝色。所有颜色笔触的默认宽度为2
	画笔预先设置	第一步：点击选择特定的画笔预设； 第二步：在"Image Control Settings"（图像控制设置）中调节画笔颜色和笔触宽度。 最后的设定将被保存为预设值
	保存图像	点击"Save Image"（保存图像）图标保存绘制窗口中的图像。点击"X"图标清除图像上全部划线
	图像控制设置	点击该图标打开图像控制设置对话框，调节多点触控和旋转控制、体绘制范围、相机投射和画笔工具设定。 旋转：启用/禁用旋转姿态。 标尺：在绘制窗口长边上显示标尺。启用1∶1真实大小时，标尺为真实尺寸

（二）图像调节

（三）全身男性扫描和局部高清扫描

（1）选择体绘制可视控制图标打开图1-3-67中对话框。

图1-3-67 体绘制可视控制图标打开的界面

（2）按照 System(系统)、Category(类别)和 Structure(结构)分类的体绘制图选择。

（3）点击系统列表下面的"On/Off"(开/关)图标,显示/隐藏所有结构。

（4）点击每个名称旁边的"On/Off"图标,显示/隐藏各种系统、类别或某个结构。

（5）点击系统或类别显示相关的子系统。选中的名称用蓝色高亮显示。

（6）点击名称后面的圆圈,调节图像的不透明度和设置为不能切断(No Clip)。如果已经调节,圆圈颜色变为灰色。

（7）右下角的查找框供用户查找特定结构。点击"Clear"(清除)清除全部搜索词。

（四）观察的布局

选择不同布局图标观察图像的断面(图1-3-68)。布局一可观察数据的体绘制。布局二可同时观察体绘制和切面。布局三和布局四可同时观察3种切面(横断面、冠状面、矢状面)。布局五每次只可观察一种切面。用户可以单独滚动浏览每个切面。使用切面图标和切面滑杆调节切面。点击布局图标切换不同视角。

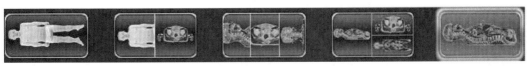

图1-3-68 各种体绘制和断面观察显示选项

中篇
实验项目

实验一

基本组织的结构和功能

任务一　光学显微镜的使用

【实验目的】

(1) 认识光学显微镜的构造和各部分的作用。

(2) 掌握光学显微镜的正确使用方法。

【实验器材】

光学显微镜。

【实验内容和方法】

1. 显微镜观察前的准备

(1) 取镜和安放:上课前去显微镜室取镜,置显微镜于平稳的实验台上,镜座距实验台边沿10 cm。镜检者姿势要端正。

特别注意:取、放显微镜时应一手握住镜臂,一手托住底座,使显微镜保持直立、平稳。切忌用单手拎提。

(2) 光源调节:打开光源开关,调节光源灯泡的亮度。

(3) 调节双目显微镜的目镜:双目显微镜的目镜间距可以适当调节,使其与观察者两个眼睛瞳孔的距离相符。

2. 使用显微镜观察组织切片

(1) 低倍镜的观察

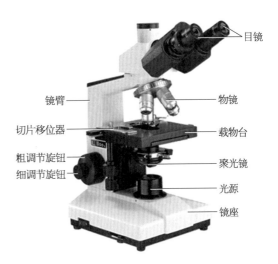

图 2 - 1 - 1　光学显微镜的结构

1) 将标本切片(组织切片或病理切片)放在载物台上,用切片夹夹住,调节切片移位器,使观察的目的物处于物镜的正下方。

2) 调节粗调节旋钮,使物镜(10×)与切片靠近,眼睛在侧向注视物镜,防止物镜和载玻片相碰。

3) 张开双眼向物镜里观察,如果见到目的物,但不十分清楚,可缓慢调节细调节旋钮,直至目的物清晰为止。

4) 通过切片移位器慢慢移动切片,认真观察标本各部分,找到合适的目的物,仔细观察并记录所观察到的结果。

(2) 高倍镜的观察

1) 使用高倍镜前,必须先用低倍镜观察,发现目的物后将它移至视野正中处。

2) 旋动转换器换成高倍镜。如果高倍镜触及载玻片立即停止旋动,这说明原来低倍镜并没有调准,目的物并没有真正找到,必须用低倍镜重新调节。如果高倍镜下观察目的物有点模糊,调节细调节旋钮,直到视野清晰。调节细调节旋钮时要注意旋转方向与载物台上升或下降的关系,防止镜头与载玻片接触,损坏镜头或载玻片。

(3) 油镜的观察:使用油镜观察时,应先用高倍镜初步观察,然后下降载物台,在切片上滴上微量香柏油,再将油镜下降接近切片并浸泡于油内。用微调节对好焦,移动推进器寻找细胞结构。注意观察不同细胞形态上的差异。观察完毕后,须用擦镜纸沾少许二甲苯将物镜和切片的油拭去,再用干净的擦镜纸轻轻拭抹镜头。

(4) 换片:观察完一个标本后,如果想要再观察另一标本时,需先将高倍物镜转回到低倍物镜,取出标本,按放片的方法换上新的切片,即可观察。千万不可在高倍物镜下换片,以防损坏镜头。

3. 填写显微镜部件的名称 在"实验练习的实验一任务一"中正确填写。

4. 显微镜使用后的整理

(1) 调节粗调节旋钮,使载物台下降到最低,取下载玻片,并将其放回切片盒内。

(2) 将各部分还原,调整反光镜镜面呈左右方向竖立,将物镜转成"八"字形,下降载物台至最低位置,罩上防尘罩,双手持镜,归还到显微镜室指定位置。

【想一想】

显微镜的构造有哪几部分? 各部分有什么作用?

任务二　基本组织的识别

【实验目的】

通过对上皮组织、结缔组织、肌肉组织和神经组织切片的观察,掌握各组织的形态结构特点。

【实验器材】

(1) 组织学实验室。

(2) 多媒体投影设备介绍基本组织的形态结构特点。

(3) 准备下列组织切片:单层柱状上皮(小肠)、假复层纤毛柱状上皮(气管)、单层立方上皮

(甲状腺)、复层扁平上皮(食管)、疏松结缔组织(皮下组织)、透明软骨(气管软骨)、骨骼肌、心肌、平滑肌、神经细胞(脊髓横切面)、有髓神经纤维(示教)。

【实验内容和方法】

除特别说明以外,以下组织学切片均为 H－E 染色。在教师的指导下完成下列实验内容,并在"实验练习的实验一任务二"中填写正确的组织结构的名称。

1. 单层柱状上皮(小肠)(图 2－1－2)

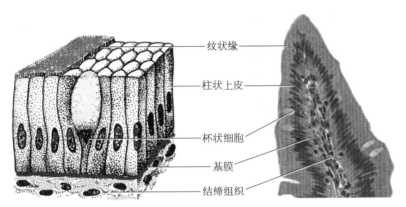

纹状缘
柱状上皮
杯状细胞
基膜
结缔组织

图 2－1－2 单层柱状上皮

右图为小肠绒毛

(1) 低倍镜

1) 先找到小肠腔,然后找到呈指状突起的小肠绒毛。

2) 肠腔表面有一层着色较红的结构,即是绒毛表面的单层柱状上皮。

(2) 高倍镜

1) 上皮细胞呈柱状,紧密排列成单层,细胞核位于细胞基部,呈椭圆形,被染成紫蓝色,细胞质被染成浅红色。

2) 单层柱状上皮的表面有一层染色较红的结构,称为纹状缘。

2. 假复层纤毛柱状上皮(气管)(图 2－1－3)

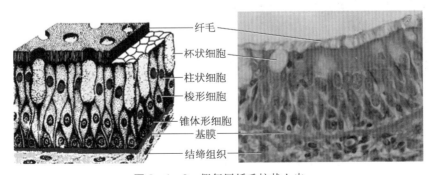

纤毛
杯状细胞
柱状细胞
梭形细胞
锥体形细胞
基膜
结缔组织

图 2－1－3 假复层纤毛柱状上皮

右图为气管黏膜

（1）低倍镜：先找到气管壁腔，表面有一层着色较深的结构，为气管黏膜的假复层纤毛柱状上皮。

（2）高倍镜

1）细胞境界不易分清，细胞核的层次大致有三层。

2）上皮的表面可见密集的纤毛。

3）上皮的浅层嵌有杯状细胞。

3. 单层立方上皮（甲状腺）（图 2-1-4）

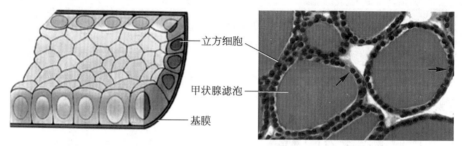

图 2-1-4　单层立方上皮
右图为甲状腺

（1）肉眼观察：粉红色的大片组织是甲状腺，呈椭圆形的紫蓝色小块组织是甲状旁腺。

（2）低倍镜

1）甲状腺实质内有许多大小不等的圆形滤泡。

2）每个滤泡壁由一层上皮细胞和滤泡腔组成，滤泡腔内的粉红色均质块状物为胶质。

（3）高倍镜：选择一个滤泡进行观察，滤泡上皮细胞为立方形，高和宽相近，细胞核呈圆形，蓝色，位于细胞中央，但细胞界限不甚清楚。

4. 复层扁平上皮（食管）（图 2-1-5）

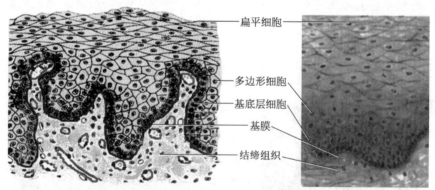

图 2-1-5　未角化的复层扁平上皮
右图为食管黏膜

（1）低倍镜：先找到食管壁腔内突起的黏膜皱襞，皱襞表面有一层着色较深的结构，为食管黏膜的复层扁平上皮。

（2）高倍镜

1）复层扁平上皮有 10 多层细胞。细胞境界不易分清,因而细胞层次和形状仅以细胞核的层次和形状而推论。

2）上皮的基底部细胞呈矮柱状,核椭圆,排列较紧。

3）靠近管腔的表浅部细胞呈扁平且排列分散。

4）介于基底部和表浅部之间的细胞大都为多角形,核圆形或卵圆形。

5. **疏松结缔组织**(皮下组织)(图 2-1-6)

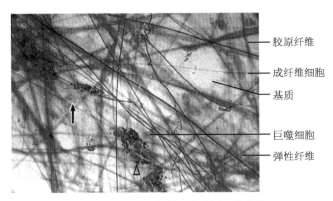

　　　　　　　　　— 胶原纤维

　　　　　　　　　— 成纤维细胞

　　　　　　　　　— 基质

　　　　　　　　　— 巨噬细胞

　　　　　　　　　— 弹性纤维

图 2-1-6 　 疏松结缔组织铺片(高倍镜)

（1）低倍镜

1）可见到 2 种粗细不一的纤维交叉呈网状。粗纤维为胶原纤维。

2）染色呈淡红均匀形似带状且有分叉的细纤维为弹性纤维。反光性强,呈细丝状,数量较少。

3）在上述 2 种纤维的网眼内有形状不一、分散的细胞。

（2）高倍镜:请找到 2 种细胞。

1）成纤维细胞:一般为扁平多凸起,核大呈卵圆形,着色较浅,胞质均匀,无颗粒,淡红色。

2）巨噬细胞:一般为椭圆形,或有凸起,核小,着色较深,胞质内含有吞噬的蓝褐色颗粒。

6. **透明软骨**(气管软骨)(图 2-1-7)

（1）肉眼观察:标本中央蓝色部分即为透明软骨。

（2）低倍镜:从软骨的周边向中央逐步观察,可见大量的间质及软骨细胞。

1）软骨膜:由致密的胶原纤维及梭形的成纤维细胞组成,与周围结缔组织的分界不清,外层纤维较多,内层细胞较多,两层界限不明显。

软骨细胞:位于周边的为梭形,单个分布,与

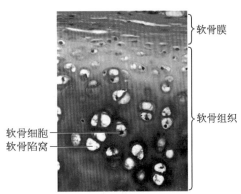

　　　　　　　　　— 软骨膜

　　　　　　　　　— 软骨组织

软骨细胞 —

软骨陷窝 —

图 2-1-7 　 软骨组织(透明软骨,高倍镜)

软骨膜平行排列;软骨中央区的细胞为椭圆形,常数个(2～5个)聚集在一起,称为同源细胞群。经过固定的标本,细胞脱水收缩,故呈星形或不规则形。软骨细胞与软骨囊之间出现间隙,构成软骨陷窝的一部分。

2) 软骨囊:为软骨陷窝周围的基质,含硫酸软骨素较多,呈强嗜碱性,着深蓝色。

3) 基质:均质状,因含硫酸软骨素而着蓝色。看不到胶原纤维,基质内无血管。

7. **骨骼肌**(图 2-1-8)

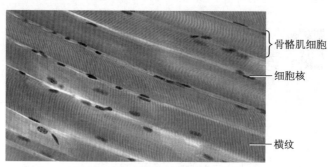

图 2-1-8　骨骼肌光镜结构(纵切面)

(1) 低倍镜:在切片中,可见到肌纤维呈长圆柱形。

(2) 高倍镜

1) 细胞核有多个,卵圆形,位于肌膜下。

2) 胞质内有与肌纤维平行排列的肌原纤维。

3) 肌纤维的表面有明暗相间的横纹。

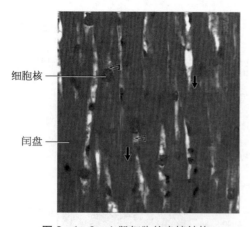

图 2-1-9　心肌细胞的光镜结构

8. **心肌**(图 2-1-9)

(1) **肉眼观察**:标本为心壁的一部分,绝大部分着色较红的为心肌。

(2) **低倍镜**:由于心肌纤维排列方向不一致,有纵、横、斜等切面。选择心肌纤维纵切的部位进行观察,心肌纤维呈带状,有分支,且互相吻合成网状。

(3) **高倍镜**:选择心肌纤维的纵切面进行观察,注意与骨骼肌相区别。

1) 大小和形状:较骨骼肌纤维细而短,分支吻合成网状。

2) 横纹:有由暗带和明带构成的横纹,但不如骨骼肌明显。

3) 细胞核:位于肌纤维的中央,较大,有时可见双核。

4) 闰盘:为横纹肌纤维的深红色直线或阶梯状线,是心肌纤维的连接处。

9. 平滑肌(图 2-1-10)

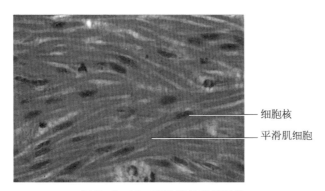

图 2-1-10 平滑肌的光镜结构

(1) 肉眼观察:肠腔面有许多小的凸起。肠壁内表面着紫蓝色的为黏膜,深层为肌层(平滑肌),被染成红色。

(2) 低倍镜:肌层较厚,分内、外两层,染色较附近的结缔组织深。内层较厚,可见长条形纵切的平滑肌束;外层较薄,可见圆形或多边形横切的平滑肌束。

(3) 高倍镜:注意与致密结缔组织相区别。

1) 平滑肌纤维的纵切面:细胞呈梭形,相邻的肌纤维彼此交错,相互嵌合;细胞质(肌质)呈均质性红色,肌原纤维不明显;胞核位于细胞的中央,呈杆状,核内染色质较少,故着色较浅。

2) 平滑肌纤维的横切面:为大小不等的圆形或多边形的镶嵌图像,较大的细胞切面中央有圆形的核,小的切面则看不到核。

10. 神经细胞(图 2-1-11、图 2-1-12)

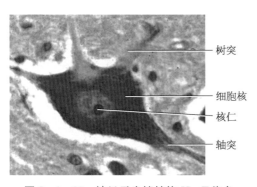

图 2-1-11 神经元光镜结构 H-E 染色

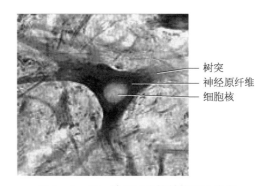

图 2-1-12 神经元光镜结构银盐染色

(1) 染色:H-E 染色,硝酸银染色。

(2) 肉眼观察:脊髓横断面呈圆形或椭圆形。

(3) 低倍镜

1) 在 H-E 染色的切片中,在染色较深的周边,有许多被染成红色的传导纤维,纤维细而密,相互交叉。在硝酸银染色的切片中,可见到边缘较暗,有许多被硝酸银染成黑色的传导纤维,纤维细而密,相互交叉。

2) 在透亮区内寻找细胞体积较大,而有突起的为神经细胞,在 H-E 染色中胞体染成紫蓝色,在硝酸银染色中胞体染成橘黄色。

(4) 高倍镜

1) 可见胞体为多角形,突起离胞体不远处被切断(故不必区分轴、树突)。在 H-E 染色切片中,可见胞质内有大量斑块状或颗粒状的嗜碱性物质(尼氏体)。在硝酸银染色的切片中,可见胞体内有大量染成棕黑色的细丝状物质(神经原纤维)。

2) 细胞核大而圆,染色浅,但核仁大而圆,核膜清楚。

11. 有髓神经纤维(示教)(图 2-1-13)

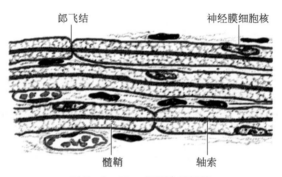

图 2-1-13 有髓神经纤维

(1) 肉眼观察:标本上有两块组织,长条状的是神经的纵切面,圆形的是横切面。

(2) 低倍镜:主要了解神经的组成。

1) 神经外膜:位于整个神经的外面,为疏松结缔组织。

2) 神经束膜:神经内有多个圆形的神经束,大小不等。每个神经束的外表面有致密结缔组织包裹,即神经束膜。

3) 神经内膜:神经束内有许多神经纤维的横切面,每条神经纤维的周围有很薄的结缔组织膜,即神经内膜。

(3) 高倍镜

1) 有髓神经纤维的横切面:神经纤维呈圆形,粗细不一。神经纤维的中央为轴突,呈圆形,被染成紫红色。轴突的周围是髓鞘,呈红色网状。髓鞘的外面是神经膜,很薄,着红色。

2) 有髓神经纤维的纵切面:可见每条神经纤维外周的薄层组织为神经膜,中轴为染成紫红色的轴突,轴突与神经膜之间呈光亮白色或网状结构的是髓鞘。没有髓鞘的地方由神经膜直接包被轴突,呈现一缩窄部位,称郎飞结,相邻两个郎飞结之间为一段结间体,有髓神经纤维之间有少量的结缔组织。

任务三　蟾蜍实验的基本操作

【实验目的】

掌握蟾蜍的捉拿,脑、脊髓捣毁和坐骨神经腓肠肌标本制备的方法;熟悉两栖类动物的实验条件。

【实验器材】

蛙手术器械、丝线、蛙板、搪瓷杯、器械盘、林格液、锌铜弓等。

【实验内容和方法】

1. **蟾蜍的捉拿**　蟾蜍抓取(方法见图1-3-5)宜用左手将动物背部贴紧手掌固定,以中指、环指、小指压住其左腹侧和后肢,拇指和示指分别压住左、右前肢,右手进行操作。应注意勿挤压其两侧耳部突起的毒腺,以免毒液喷出射进眼中。

2. **捣毁脑、脊髓**　取蟾蜍一只,用左手握住,用示指下压头部前端,拇指按压背部使头前俯。右手持探针由前端沿正中线向尾端触划,触到凹陷处即枕骨大孔。将探针由此处垂直刺入,到达椎管,将探针折向头部方向刺入颅腔,左右搅动数次,彻底捣毁脑组织;再将探针退出至刺入点皮下,针尖倒向尾侧,刺入脊髓椎管内,捣毁脊髓。此时蟾蜍下颌呼吸运动消失,四肢肌肉张力消失,则表示脑和脊髓已完全破坏(图1-3-7)。

3. **剪除躯干上部及内脏**　用大剪刀在颅骨后方剪断脊柱。左手握住蟾蜍脊柱,右手将大剪刀沿两侧(避开坐骨神经)剪开腹壁。此时躯干上部及内脏即全部下垂。剪除全部躯干上部及内脏组织,弃于大杯中。

4. **剥皮**　先剪去肛周一圈皮肤,然后用左手捏住脊柱断端,右手剥离断端边缘皮肤,逐步向下剥离全部后肢皮肤。将标本置于盛有林格液的小杯中,洗净双手和用过的器械。

5. **游离坐骨神经**　将蟾蜍下半身腹侧向上用蛙足钉固定于蛙板上。沿脊柱两侧用玻璃分针分离坐骨神经,并于靠近脊柱处穿线、结扎并剪断。轻轻提起结扎线,逐一剪去神经分支。游离坐骨神经后将下半身背侧向上固定于蛙板上,用玻璃分针在股二头肌与半膜肌之间的裂缝处划开,循坐骨神经沟找出大腿部分的坐骨神经,用玻璃分针将腹部的坐骨神经小心勾出来。游离神经过程中不要使用镊子,以免损伤神经和肌肉。手执结扎神经的线,剪断坐骨神经的所有分支,一直游离至膝关节(图1-3-19)。

6. **制备坐骨神经腓肠肌标本**　将分离干净的坐骨神经搭于腓肠肌上,在膝关节周围剪断全部大腿肌肉,并用大剪刀将股骨刮净。再在跟腱处以线结扎、剪断并游离腓肠肌至膝关节,在膝关节以下将小腿其余部分全部剪断,并在股骨的上部剪断(留1 cm长的股骨以便固定标本)。将标本放入林格液中5~10 min,待其兴奋性稳定后再进行实验。

7. **测试坐骨神经腓肠肌标本的兴奋性**　先用锌铜弓浸入林格液中,然后取出锌铜弓接触坐骨神经腓肠肌标本的坐骨神经,观察腓肠肌是否有明显的单收缩,以此证明标本的兴奋性是否较高。测试后可用标本进行后续的实验。

【注意事项】

（1）制备神经肌肉标本过程中，要不断滴加林格液，以防标本干燥，丧失正常生理活性。

（2）操作过程中应避免强力牵拉和手捏神经或用镊子夹伤神经肌肉。

（3）捣毁脑、脊髓时防止蟾蜍皮肤分泌的蟾素射入操作者眼内或污染实验标本。

任务四　骨骼肌的收缩功能

【实验目的】

用蟾蜍的坐骨神经-腓肠肌标本，使用机-电换能器，通过生物信号采集系统来获得肌肉的收缩曲线，分析单收缩和复合收缩产生的机制与特点。

【实验原理】

骨骼肌纤维受运动神经纤维的控制，神经纤维受到刺激后，其兴奋沿神经纤维以动作电位的形式传导到相应的肌纤维，触发肌纤维收缩。若给予肌肉一次刺激，使肌肉产生一次收缩，称为单收缩。如果肌肉受到连续的刺激，则其收缩可出现复合现象。

【实验对象】

蟾蜍。

【实验器材】

蛙手术器械、生物信号采集系统、铁架台、肌槽、林格液。

【实验内容和方法】

1. **标本制备**　蟾蜍坐骨神经标本制备方法参见本实验任务三。将标本浸在林格液中约5 min，待其兴奋性稳定后实验。

2. **连接仪器**（图 2-1-14）　其中，S1 和 S2 为刺激电极，与生物信号采集系统的刺激输出端口相连。

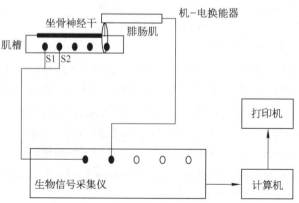

图 2-1-14　骨骼肌单收缩和复合收缩的实验框图

3. **固定标本**　把坐骨神经-腓肠肌标本固定在肌槽上,用丝线把腓肠肌与换能器相连。

【观察项目】

(1) 单次刺激和单收缩:以单次电刺激刺激坐骨神经,观察腓肠肌的单收缩情况。逐渐增大刺激强度,使肌肉的收缩幅度达到最大。

(2) 多次刺激:选择最大刺激强度作为刺激输出,逐渐增大刺激的频率,使骨骼肌收缩表现为不完全强直收缩和完全强直收缩。

(3) 打印上述实验结果,并把实验结果图粘贴在实验报告的相应页面上。

【注意事项】

(1) 股骨要牢固地固定在肌槽的小孔中。

(2) 坐骨神经要与刺激电极紧密接触,但不要损伤神经。

(3) 防止神经、肌肉标本干燥,需经常在神经和肌肉上以林格液润湿。

(4) 长时间刺激标本可能使骨骼肌的收缩能力下降,因此每个步骤后应让肌肉休息片刻。

(5) 把腓肠肌悬挂在换能器上的丝线应松紧适中,也不要过长,并和换能器平面保持垂直。

【想一想】

为什么骨骼肌的收缩可以发生收缩波的复合,而引起骨骼肌收缩的动作电位却没有复合现象?

任务五　神经干复合动作电位的引导

【实验目的】

利用蟾蜍的坐骨神经干标本,通过生物电信号采集系统引导并记录神经干复合动作电位。分析复合动作电位的幅值与刺激强度的关系,以及测量复合动作电位的潜伏期、时程和幅值。

【实验原理】

可兴奋组织受到适宜刺激后,在细胞膜表面产生生物电活动——动作电位。对单一的神经纤维而言,其动作电位呈"全或无"现象。在神经干中,由于不同的纤维其兴奋性有差异,随着刺激强度的增大,兴奋的纤维数目逐渐增多,神经干复合动作电位幅值也逐渐增强,直至最大。因此,神经干复合动作电位的幅值与刺激条件有关。在实验中,两记录电极放置在神经干表面,记录已兴奋区域与未兴奋区域间的电位差。由于动作电位传导到神经干两记录电极放置点的时间有先后差异,将在两记录电极间引导出电位波动,出现类似于正弦波的电位变化,这就是神经干复合动作电位。

【实验对象】

蟾蜍。

【实验器材】

蛙手术器械、生物信号采集系统、铁架台、标本盒、林格液。

【实验步骤】

1. **标本制备** 蟾蜍坐骨神经标本制备方法参见蟾蜍神经肌肉标本的制备。将标本浸在林格液中约 5 min,待其兴奋性稳定后实验。

2. **连接仪器**(图 2-1-15) 其中,S1 和 S2 为刺激电极,与生物信号采集系统的刺激输出相连,R1 和 R2 为记录电极,与生物电放大器相连,R3 为接地电极。

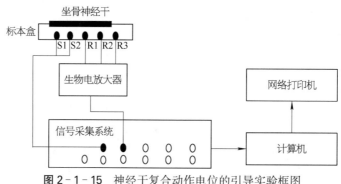

图 2-1-15 神经干复合动作电位的引导实验框图

3. **固定标本** 把坐骨神经干标本放入标本盒,标本盒中每根金属丝与盒外的接线端口一一对应。神经干的中枢端放在刺激电极处,而外周端放在记录电极上。

【观察项目】

(1) 记录神经干复合动作电位。刺激标本,记录复合动作电位,分辨刺激伪迹和动作电位。逐渐增大刺激强度,记录动作电位随刺激强度而变化,并记下波宽 0.1 ms 时的阈刺激(刚产生复合动作电位的最小刺激强度)和最大刺激数值(使复合动作电位幅值达到最大的最小刺激强度)。

(2) 测量最大刺激时复合动作电位的潜伏期、时程和幅值。

(3) 把记录电极与刺激电极的位置交换,在相同刺激条件下,比较两者的曲线。

(4) 在两记录电极间,用金属镊子夹毁神经,记录单相复合动作电位。

(5) 打印上述实验结果。

【注意事项】

(1) 分离坐骨神经时,避免过度牵拉神经,绝对不允许用手或镊子夹神经。

(2) 防止神经干燥。一段时间后,取下神经标本,用林格液湿润,并盖上盒盖。

(3) 为了精确测量神经动作电位的时程和幅值,可放大所需测量的区域。

【想一想】

(1) 如何区别动作电位和刺激伪迹?

(2) 为什么刺激强度达到某一程度后,神经干复合动作电位的幅值不再增大?

(3) 单相复合动作电位产生的原因是什么?

任务六　神经干复合动作电位传导速度的测定

【实验目的】

利用蟾蜍的坐骨神经干标本,通过生物电信号采集系统引导并记录神经干复合动作电位,测量复合动作电位的传导速度。

【实验原理】

神经纤维受到适宜刺激后,产生动作电位。动作电位沿着细胞膜表面向四周传导。传导速度受组织的兴奋性、传导性和组织结构等诸多因素影响。

【实验对象】

蟾蜍。

【实验器材】

蛙手术器械、信号采集系统、标本盒、林格液。

【实验步骤】

1. 标本制备　蟾蜍坐骨神经标本制备方法参见蟾蜍神经肌肉标本的制备,标本浸在林格液中约 5 min,待其兴奋性稳定后实验。

2. 连接仪器(图 2-1-16)　其中,S1 和 S2 为刺激电极,与 PowerLab 的 output I 相连,R1 和 R2 为记录电极,与生物电放大器相连,R3 为接地电极。

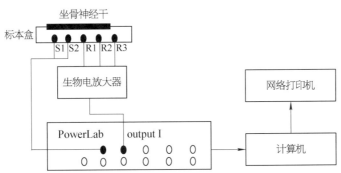

图 2-1-16　神经干复合动作电位传导速度测定的实验框图

3. **固定标本** 把坐骨神经干标本放入标本盒,标本盒中每根金属丝与盒外的接线端口一一对应。神经干的中枢端放在刺激电极处,而外周端连记录电极。

【观察项目】

(1) 单次刺激标本,记录复合动作电位。逐渐增大刺激强度,直到复合动作电位不随刺激强度而变化。测量复合动作电位的潜伏期1。

(2) 使记录电极后移一格,再次记录复合动作电位。测量复合动作电位的潜伏期2。

(3) 计算传导速度:$V = 1/(潜伏期2 - 潜伏期1)(cm/s)$

(4) 打印上述实验结果。

【注意事项】

(1) 分离坐骨神经时,避免过度牵拉神经,绝对不允许用手或金属镊子钳夹神经。

(2) 尽可能将神经纤维分得长一些。

(3) 防止神经干燥。一段时间后,取下神经标本,用林格液湿润,并盖上盒盖。

(4) 为了精确测量神经干复合动作电位的时程和幅值,可放大所需测量的区域。

【想一想】

(1) 当刺激端和记录端离得较远时,引导的复合动作电位波形会发生什么改变,为什么?

(2) 用什么方法可使动作电位传导速度的测量更准确?

人体运动系统实验

任务一　人体骨结构的辨认

【实验目的】

通过对人体骨架、分离骨标本和模型的观察,掌握全身主要骨性标志的结构与功能。

【实验器材】

(1) 新鲜长骨剖面的标本。

(2) 儿童长骨纵切、脱钙骨及煅烧骨标本。

(3) 人体完整骨骼标本。

(4) 各类分离躯干骨标本。

(5) 分离四肢骨标本。

(6) 整颅骨标本及颅底标本。

【实验内容和方法】

1. **新鲜长骨剖面**　骨密质、骨松质、骨膜、骨髓腔、关节软骨、骺软骨。

2. **骨的化学成分**　脱钙骨、煅烧骨。

3. **人体完整骨架**　各部位骨的组成及各骨的位置(图2-2-1)。

4. **躯干骨**

(1) 椎骨的一般结构:椎体、椎弓、椎弓根、椎弓板、突起(棘突、横突、上关节突、下关节突)、椎孔。

(2) 颈椎:椎体小,横突有孔,棘突分叉,寰椎、枢椎、第7颈椎的特征。

(3) 胸椎:上肋凹、下肋凹、横突肋凹、棘突细长向后下方。

(4) 腰椎:椎体大、棘突呈板状、水平向后。

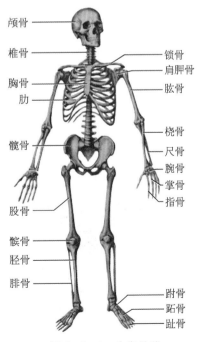

图2-2-1　全身骨骼

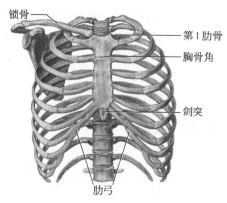

图2-2-2 胸廓的前面观

(5) 骶骨：骶前孔、骶后孔、骶管、骶管裂孔、骶角、耳状面、岬。

(6) 胸骨：胸骨柄、胸骨体、剑突、胸骨角、颈静脉切迹、锁切迹、肋切迹。

(7) 肋：肋骨、肋软骨、肋沟。

参见图2-2-2。

5. 四肢骨

(1) 肩胛骨：关节盂、内侧角、下角、肩胛冈、肩峰、喙突、冈上窝、冈下窝、肩胛下窝。

(2) 肱骨：肱骨头、外科颈、桡神经沟、内上髁、外上髁、大结节、小结节、三角肌粗隆、肱骨滑车、肱骨小头。

(3) 锁骨、尺骨(鹰嘴、滑车切迹、尺骨头、尺骨茎突)、桡骨(桡骨头、环状关节面、腕关节面、桡骨茎突)、腕骨(手舟骨、月骨、三角骨、豌豆骨、大多角骨、小多角骨、头状骨、钩骨)、掌骨、指骨的名称及排列。

(4) 髋骨

1) 髂骨：髂嵴、髂前上棘、髂结节、髋臼、弓状线。

2) 坐骨：坐骨结节、坐骨大切迹、坐骨小切迹。

3) 耻骨：耻骨结节、耻骨联合、耻骨梳、耻骨上支、耻骨下支。

(5) 股骨：股骨头、股骨颈、大转子、小转子、臀肌粗隆、内侧髁、外侧髁、内上髁、外上髁。

(6) 髌骨、胫骨(内侧髁、外侧髁、胫骨粗隆、内踝)、腓骨(腓骨小头、外踝)、跗骨(距骨、跟骨、舟骨、楔骨、骰骨)、跖骨、趾骨。

6. 颅骨

(1) 颅的组成

1) 脑颅：位于颅的后上部，额骨、筛骨、蝶骨、枕骨各1块；顶骨、颞骨各2块。

2) 面颅：位于颅的前下部，由15块颅骨构成，上颌骨、鼻骨、泪骨、颧骨、腭骨、下鼻甲各2块，下颌骨、犁骨、舌骨各1块(图2-2-3)。

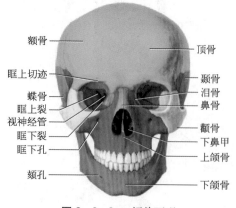

图2-2-3a 颅前面观

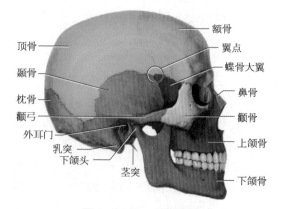

图2-2-3b 颅侧面观

（2）颅的形态

1）颅的顶面观：冠状缝、矢状缝、人字缝。新生儿颅盖有囟：分前囟和后囟。

2）颅的侧面观：外耳门、颧弓、翼点、乳突、下颌角、颞下窝。

3）颅的前面观：眶（视神经管、泪囊窝、鼻泪管）、骨性鼻腔（骨性鼻中隔，鼻腔外侧壁的上鼻甲、中鼻甲、下鼻甲，以及上鼻道、中鼻道、下鼻道、犁状孔、鼻后孔、蝶筛隐窝）。

4）颅底内面观：颅前窝（筛板、筛孔）、颅中窝（眶上裂、圆孔、卵圆孔、棘孔、鼓室盖、垂体窝、视神经管）、颅后窝（枕骨大孔、横窦沟、乙状窦沟、颈静脉孔、内耳门、舌下神经管）。

5）颅底外面观：硬腭、鼻后孔、枕外隆凸、下颌窝、颈静脉孔、茎突、茎乳孔。

（3）鼻旁窦：额窦、筛窦、蝶窦、上颌窦。

（4）下颌骨：下颌体、下颌支、下颌角、髁突、下颌头。

7. **主要骨性标志的人体观察和触摸**

（1）躯干：胸骨角、剑突、肋弓、第7颈椎棘突、胸椎和腰椎棘突。

（2）头面部：枕外隆凸、乳突、下颌支、下颌角、舌骨、翼点、颧弓、眶上缘、眉弓。

（3）上肢：锁骨、肩峰、肩胛冈、肩胛下角、尺骨鹰嘴、肱骨内上髁、肱骨外上髁、尺骨茎突、桡骨茎突、肱骨大结节、舟骨、腕骨、掌骨、指骨。

（4）下肢：髂嵴、髂前上棘、耻骨结节、坐骨结节、大转子、髌骨、股骨内上髁、股骨外上髁、胫骨粗隆、腓骨小头、内踝、外踝、跟骨。

【想一想】

（1）试述骨的分类和构造。

（2）试述颅骨的主要体表标志。

（3）上、下肢骨的分布，组成，名称和排列位置。

任务二　认识人体主要的骨连结结构

【实验目的】

观察人体主要的骨连结标本和模型，掌握全身主要骨连结结构和功能。

【实验器材】

脊柱、骨盆、肩关节、肘关节、腕关节、髋关节、膝关节、距小腿关节标本。

【实验内容和方法】

1. **关节的构造**　关节囊、关节腔、关节面。

2. **骨连结**

（1）脊柱：椎体大小的变化，棘突的排列，生理弯曲，椎间盘、前纵韧带、后纵韧带、黄韧带、棘间韧带、棘上韧带、关节突关节、椎间孔、椎管。

（2）胸廓：胸廓上口、胸廓下口、肋间隙、肋椎关节、胸肋关节。

（3）颞下颌关节：颞骨的下颌窝、关节结节、下颌骨的下颌头。关节囊内有关节盘。

（4）肩关节：组成(肱骨头、肩胛骨的关节盂)、特点(关节囊松、薄,囊壁的前、后、上均有韧带,肌腱加强,囊内的肱二头肌的长头腱),参见图2-2-4。

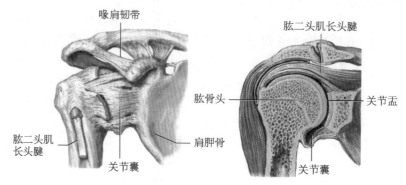

图2-2-4　肩　关　节

（5）肘关节：关节囊内有肱尺关节、肱桡关节、桡尺近侧关节。桡骨环状关节面周围有桡骨环状韧带。

（6）桡腕关节：桡骨下端的腕关节面、尺骨下端的关节盘、手舟骨、月骨和三角骨。

（7）骨盆：界线(岬、弓状线、耻骨梳、耻骨结节、耻骨嵴、耻骨联合上缘),骨盆下口(尾骨尖、骶结节韧带、坐骨结节、坐骨支、耻骨下支、耻骨联合下缘),耻骨下角,骶髂关节,耻骨联合,男、女骨盆的特点。

（8）髋关节：髋臼、股骨头、股骨头韧带、髂股韧带。

（9）膝关节：组成(股骨下端、胫骨上端、髌骨)、特点(前壁有股四头肌腱、髌骨、髌韧带,两侧有副韧带,囊内有前、后交叉韧带,内、外侧半月板),参见图2-2-5。

（10）距小腿关节：胫、腓骨下端与距骨滑车。

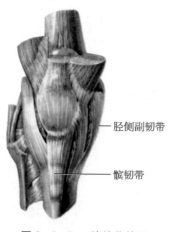
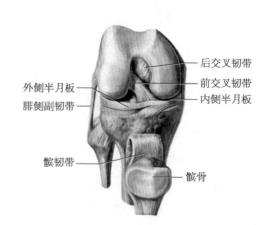

图2-2-5a　膝关节前面　　　　　图2-2-5b　膝关节内部(前面)

【想一想】

（1）试述颞下颌关节的组成、构造和运动特点。

（2）试述胸廓的组成、形态结构和功能。

任务三 认识人体主要肌肉的结构

【实验目的】

通过对人体肌肉标本或模型的观察,熟悉全身主要肌群的名称和位置。

【实验器材】

肌肉标本、肌肉模型。

【实验内容和方法】

1. 肌的构造

(1) 基本结构:肌腹(暗红色,有弹性)、肌腱(白色,无弹性)。

(2) 辅助结构:筋膜(浅筋膜和深筋膜)、滑膜囊、腱鞘。

2. 识别全身主要的肌肉 通过肌肉模型、标本,识别和记忆人体的主要肌肉名称和部位,参见图2-2-6。

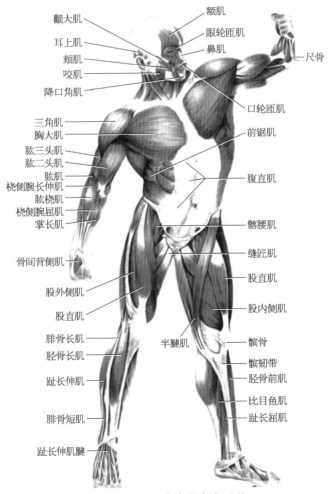

额肌
颧大肌
眼轮匝肌
耳上肌
鼻肌
颊肌
尺骨
咬肌
降口角肌
口轮匝肌
三角肌
前锯肌
胸大肌
肱三头肌
肱二头肌
肱肌
腹直肌
桡侧腕长伸肌
肱桡肌
桡侧腕屈肌
髂腰肌
掌长肌
缝匠肌
骨间背侧肌
股直肌
股外侧肌
股内侧肌
股直肌
腓骨长肌
髌骨
半腱肌
胫骨长肌
髌韧带
趾长伸肌
胫骨前肌
比目鱼肌
腓骨短肌
趾长屈肌
趾长伸肌腱

图2-2-6a 全身肌肉腹面观

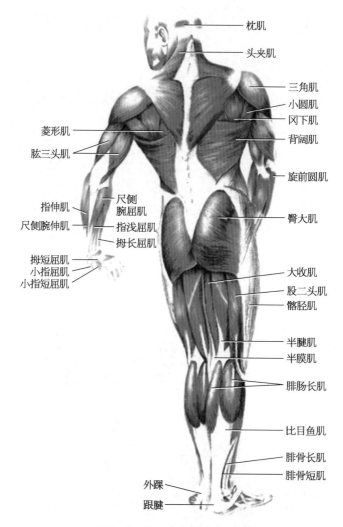

枕肌

头夹肌

三角肌

小圆肌

冈下肌

背阔肌

菱形肌

肱三头肌

旋前圆肌

指伸肌

尺侧腕屈肌

尺侧腕伸肌

指浅屈肌

拇长屈肌

臀大肌

拇短屈肌

小指屈肌

小指短屈肌

大收肌

股二头肌

髂胫肌

半腱肌

半膜肌

腓肠长肌

比目鱼肌

腓骨长肌

腓骨短肌

外踝

跟腱

图 2-2-6b　全身肌肉背面观

3. 头颈肌

(1) 在头颈部解剖标本上,结合解剖图谱观察颅顶的枕额肌及帽状腱膜、眼轮匝肌、口轮匝肌与颊肌等。

(2) 在咀嚼肌标本上,分别观察咬肌、颞肌、翼内肌和翼外肌的位置、起止点,分析其在咀嚼运动中的作用。

(3) 在颈部解剖标本上,逐层观察颈阔肌、胸锁乳突肌、舌肌上肌群、舌肌下肌群及前斜肌、中斜肌、后斜角肌的位置、层次、起止点,分析其作用。

4. 躯干肌

(1) 在背肌解剖标本上,观察背肌浅、深群的位置、层次、形态与起止点。主要观察斜方肌、背阔肌、菱形肌、肩胛提肌、竖脊肌及胸腰筋膜等。

(2) 在胸壁解剖标本上,观察胸大肌、胸小肌、前锯肌、肋间肌的层次、位置、起止点等,分析各肌的作用,特别是在呼吸运动中的作用。

(3) 在膈标本上,观察膈的各部附着情况、裂孔的位置及通过的结构,分析膈在呼吸运动中的作用。

(4) 在腹前外侧壁解剖标本和腹后壁标本上,观察腹外斜肌、腹内斜肌、腹横肌、腹直肌、腰方肌的位置、层次、肌束的方向。观察腹直肌鞘的组成、腹股沟管的构成。

5. 上肢肌

(1) 在上肢肌的解剖标本和模型上,首先观察上肢肌的分部(肩肌、臂肌、前臂肌和手肌),然后观察各部肌的分群和层次,各重要肌的位置、形态、起止点,并分析其作用。

(2) 在肩肌标本上观察:

1) 三角肌的位置与肩关节的位置关系,观察其起止点,在活体上确认其轮廓。

2) 在肩胛骨背面从上向下依次观察冈上肌、冈下肌、小圆肌和大圆肌起止点,分析各肌在肩运动中的作用。

3) 在肩胛骨前面观察肩胛下肌起止点,分析其作用。

(3) 在臂肌标本上先观察臂肌分前、后两群,然后依次观察前群的喙肱肌、肱二头肌和肱肌,后群的肱三头肌,观察各肌的起止点,分析其作用。

(4) 在前臂肌标本上,先观察分群,再观察各群的排列层次和位置关系。在标本上观察各肌肌腹和肌腱在前臂的位置,特别是在腕部的位置关系,并在自己身上确定腕部各肌腱的排列。

1) 前群:①浅层有 6 块,由桡侧向尺侧依次为肱桡肌、旋前圆肌、桡侧腕屈肌、掌长肌、指浅屈肌和尺侧腕屈肌;②深层有 3 块,即位于桡侧的拇长屈肌、尺侧的指深屈肌以及深面的旋前方肌。

2) 后群:①浅层有 5 块,由桡侧向尺侧依次为桡侧腕长伸肌、桡侧腕短伸肌、指伸肌、小指伸肌和尺侧腕伸肌;②深层也有 5 块,由近侧向远侧依次为旋后肌、拇长展肌、拇短伸肌、拇长伸肌和指伸肌。

(5) 在手肌标本上,观察外侧群(鱼际)、内侧群(小鱼际)和中间群,并辨认各肌,分析其作用。

6. 下肢肌

(1) 在下肢肌解剖标本和模型上,首先观察下肢肌的分部,然后按分部依次观察。

(2) 在髋肌标本上,先观察其分群,然后按群观察其各肌的位置和起止点,分析其作用。

1) 前群:包括髂腰肌和阔筋膜张肌。

2) 后群:位于臀部,又称臀肌,包括浅层的臀大肌、中层的臀中肌和梨状肌以及深层的臀小肌等。

(3) 在大腿肌标本上,先观察其分群(前群、内侧群和后群),然后分别观察各肌群。

1) 前群:包括缝匠肌和股四头肌。缝匠肌位于浅层,观察其起止点和走行。股四头肌起端有四个头,即股直肌、股外侧肌、股内侧肌和股中间肌,依次观察 4 个头的附着位置。

2) 内侧群:共 5 块。包括位于最内侧、最表浅的股薄肌,其余 4 块分 3 层排列:浅层外上为耻骨肌,内下为长收肌,中层为短收肌,深层为大收肌。

3) 后群:包括位于外侧的股二头肌、位于内侧浅层的半腱肌和深层的半膜肌,观察其起止点,并分析其作用。

(4) 在小腿肌解剖标本上,先观察分群,然后观察各肌群的层次和形态。

1) 前群:由内侧向外侧依次为胫骨前肌、拇长伸肌、趾长伸肌,观察各肌腱与距小腿关节的位置关系,分析其作用。

2) 外侧群:位于腓骨的外侧,包括浅层的腓骨长肌与深层的腓骨短肌,观察此二肌肌腱与外踝的关系。

3) 后群:分浅、深两层,浅层为小腿三头肌,由腓肠肌和比目鱼肌构成,观察其起止点及跟腱的形成和附着部位;翻开小腿三头肌,从内侧向外侧依次辨认趾长屈肌、胫骨后肌和拇长屈肌,注意三肌肌腱与内踝的位置关系。

4) 在自己身上观察和触摸小腿三头肌的肌腹和跟腱的轮廓。

(5) 在足肌标本上观察足背肌和足底肌。足背肌较薄弱,包括拇短伸肌和趾短伸肌。足底肌的配布情况和作用与手肌相似,也分为内侧群、外侧群和中间群,依次观察各肌。

【想一想】

(1) 肋间外肌和肋间内肌的位置、起止和作用。

(2) 膈的位置、外形、结构特点和功能。

(3) 肱二头肌和肱三头肌的位置、起止和作用。

血液系统实验

任务一　观察血细胞涂片

【实验目的】

(1) 掌握微量采血及血涂片的制作方法。

(2) 学习使用光学显微镜观察和区分红细胞与各种白细胞。

【实验器材】

医用采血针、酒精棉球、载玻片、血推片、瑞氏染液、蒸馏水、光学显微镜。

【实验内容和方法】

(1) 取末梢血一滴置于玻片的一端,左手持载玻片,右手以边缘平滑的血推片的一端从血滴前方后移接触血滴,血滴即沿血推片散开。然后使血推片与载片夹角保持 30°~45°平稳地向前移动,载片上保留下一薄层血膜。

(2) 血涂片制成后可手持玻片在空气中挥动,使血膜迅速干燥,以免血细胞皱缩。用蜡笔在血膜两侧画线,以防染液溢出,然后将血膜平放在染色架上。加瑞氏染液 2~3 滴,使其覆盖整个血膜,固定 0.5~1.0 min。滴加等量或稍多的新鲜蒸馏水,与染料混匀染色 5~10 min。

(3) 用清水冲去染液,待自然干燥后或用吸水纸吸干,即可置血涂片于显微镜下进行镜检。

(4) 镜下观察血涂片:选择涂片的体尾交界处染色良好的区域,分别用低倍镜、高倍镜和油镜观察血涂片,注意观察不同的血细胞的形态和其镜下数量的区别。图 2-3-1 为油镜下正常的血涂片。在正常情况下血膜外观为粉红色,在显微镜下红细胞呈肉红色。白细胞胞质能显示各种细胞的特有色彩:嗜酸性颗粒为碱性蛋白质,与酸性染料伊红结合,染成粉红色,称为嗜酸性物质;细胞核蛋白和淋巴细胞胞质为酸性,与碱性料亚甲蓝(美蓝)结合,染成紫蓝色,称为嗜碱性物质;中性颗粒呈等电状态与伊红和亚甲蓝

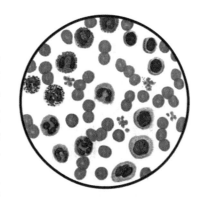

图 2-3-1　正常油镜下血涂片的形态特点

均可结合,染成淡紫色,称为中性物质。根据色彩及形态不同可区分出各类血细胞。

【观察项目】

观察油镜下的各种血细胞,根据血细胞的形态特点区分辨别不同血细胞的名称。指出哪种血细胞数量最多,哪种血细胞数量其次,哪种血细胞数量较少,哪种血细胞数量最少。

【注意事项】

(1) 玻片的清洗:新玻片常有游离碱质,因此应用清洗液或 10% 盐酸浸泡 24 h,然后再彻底清洗。用过的玻片可放入适量肥皂水或合成洗涤剂的清水中煮沸 20 min,再用热水将肥皂和血膜洗去,用自来水反复冲洗,必要时再置于 95% 乙醇中浸泡 1 h,然后擦干或烤干备用。使用玻片时只能手持玻片边缘,切勿触及玻片表面,以保持玻片清洁、干燥、中性、无油腻。

(2) 细胞染色对氢离子浓度十分敏感,配制瑞氏染液必须用优质甲醇,稀释染液必须用缓冲液,冲洗用水应近中性,否则各种细胞染色反应异常,致使细胞的识别困难,甚至造成错误。

(3) 一张良好的血片,要求厚薄适宜,头、体、尾分明,分布均匀,边缘整齐,两侧留有空隙。血片制好后最好立即固定染色,以免细胞溶解和发生退行性变。

(4) 血膜未干透,细胞尚未牢固附在玻片上,在染色过程中容易脱落,因此血膜必须充分干燥。

(5) 染液不可过少,以防蒸发干燥染料沉着于血片上难冲洗干净。

(6) 冲洗时应用流水将染液冲去,不能先倒掉染液,以免染料沉着于血片上。

【想一想】

(1) 描述观察到的镜下各种血细胞的颜色、形态和数量。

(2) 细菌感染时白细胞分类中哪项细胞会增高?

任务二　ABO 血型的鉴定

【实验目的】

学会 ABO 血型鉴定的方法,加深理解血型分型的依据及临床意义。

【实验对象】

人外周血。

【实验器材】

采血针、75% 酒精棉球、双凹玻璃片、记号笔、牙签、标准血清(A、B)、生理盐水、干棉球。

【实验内容和方法】

(1) 取清洁干燥的双凹玻璃片,用记号笔在两端标明 A 和 B 的记号。

(2) 在玻片上分别滴加抗血清。

（3）消毒手指端，用采血针刺破皮肤，用毛细管吸取少许血分别置于抗 A 血清、抗 B 血清中，并用牙签充分混匀，静置 1～2 min 后观察结果。

（4）根据被检血和抗 A 或抗 B 标准血清是否存在凝集反应来判断被检血型的类型（图 2-3-2），要判断是否凝集可参照图 2-3-3。在血型检测的表格（表 2-3-1）内填写血型结果分析。

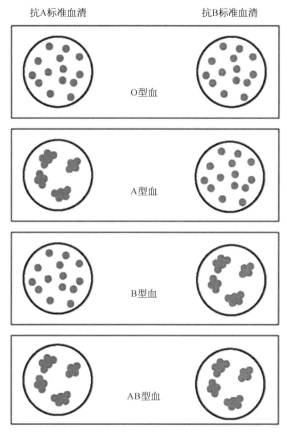

图 2-3-2 ABO 血型检查结果判断

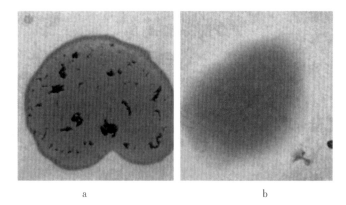

图 2-3-3 凝集原和凝集素的凝集现象

a：发生凝集反应；b：没有发生凝集反应

表 2 - 3 - 1　血型检测结果记录表

姓　名	结　果		判断血型
	抗 A 标准血清凹片	抗 B 标准血清凹片	

【注意事项】

(1) 肉眼无法鉴别凝集现象时,可以借助显微镜观察。

(2) 所取血清和红细胞的比例要适当。如红细胞多而血清少,则不足以使红细胞凝集;反之,细胞间距大,不易聚集。

(3) 少部分人的血液中含有较多冷凝集素,室温低时,引起血液自凝,因此,要注意保温在 20 ℃以上。

(4) 加入玻片中的两种标准血清不可混淆。

【想一想】

你的血型是什么型,为什么? 可以给什么血型的人输血? 可接受何种血型的血?

任务三　案例讨论:Rh 血型与溶血

【病例讨论】

早产男婴,出生后第 2 日发现患儿皮肤黄染并迅速加深,小便呈酱油色。

体格检查:患儿一般情况较差,嗜睡和拒食。全身皮肤呈黄色,巩膜严重黄染。肝脾肿大,拥抱反射消失。

实验室检查:母亲为 O 型(Rh 阴性)血,血清抗体 IgG 抗 A 和抗 Rh 抗体均阳性;患儿为 A 型(Rh 阳性)血,脐血胆红素 15 mg/dl,尿中胆红素阳性,粪内胆色素明显增多,Hb 80 g/L。

【想一想】

(1) 简述血液凝固的基本过程。

(2) 简述凝血的外源性途径,凝血的内源性途径及其异同点。

(3) 何谓血型? ABO 血型的分型依据是什么? 并简述 ABO 血型的鉴定。

(4) 根据案例和生理学知识综合分析新生儿产生溶血的原因。

呼吸系统的结构和功能

任务一　认识呼吸系统的解剖结构

【实验目的】

通过对呼吸器官的大体标本、模型的观察,掌握呼吸系统的组成、各器官的位置、形态、主要结构及毗邻。

【实验器材】

(1) 头颈正中矢状切面标本和模型。

(2) 喉软骨与喉腔标本和模型。

(3) 气管与支气管标本和模型。

(4) 人体半身模型标本和模型。

(5) 左、右肺和肺段标本和模型。

(6) 肺小叶模型。

(7) 纵隔标本和模型。

(8) 多媒体设备、呼吸系统正常和病理大体标本图片、视频资料。

【实验内容和方法】

1. 正常呼吸系统模型、大体标本观察

(1) 鼻:外鼻(鼻根、鼻尖、鼻翼)、鼻腔(鼻中隔、鼻前庭、固有鼻腔、上鼻甲、中鼻甲、下鼻甲、上鼻道、中鼻道、下鼻道)、鼻旁窦(上颌窦、额窦、筛窦、蝶窦的位置与开口)(图2-4-1)。

(2) 喉:喉软骨(甲状软骨、环状软骨、杓状软骨、会厌软骨)、喉腔分

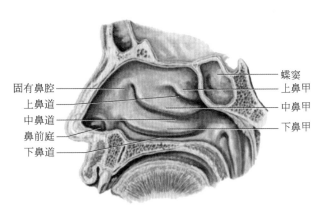

图 2-4-1　鼻腔外侧壁(右侧)

部(喉前庭、喉中间腔、声门下腔)、喉口、喉室、声襞和声门裂、前庭襞和前庭裂(图2-4-2)。

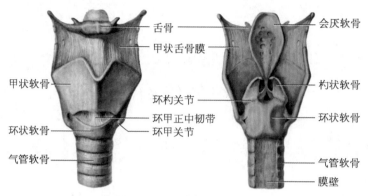

图2-4-2　喉软骨及连结

(3) 气管:软骨环、气管杈及左、右主支气管区别(图2-4-3)。

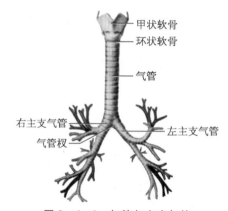

图2-4-3　气管与主支气管

(4) 肺:①肺的位置。②肺的形态(肺尖、肺底、胸肋面、纵隔面、肺门、左肺心切迹、肺段、叶间裂)、肺分叶(左肺分上、下二叶,右肺分上、中、下三叶)(图2-4-4)。

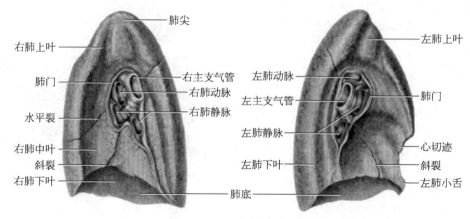

图2-4-4　肺的内侧面

(5) 胸膜:①胸膜的分部:脏胸膜、壁胸膜(胸膜顶、肋胸膜、膈胸膜、纵隔胸膜)。②胸膜腔。③肋膈隐窝。④胸膜下界和肺下缘的体表投影。

(6) 纵隔:纵隔的位置、界限、分部及内容。

2. 在人体上触摸喉结、环状软骨、气管。

【想一想】

想一想肺的位置、形态和分叶。

任务二　认识呼吸系统的组织结构

【实验目的】
熟悉气管和肺泡的微细结构的特征。

【实验器材】
气管和肺的组织切片。

【实验内容和方法】
1. 气管

(1) 取材:气管。

(2) 染色:H-E 染色。

(3) 肉眼观察:标本为气管的横切面,管壁中呈"C"形被染成蓝色的是透明软骨环。

(4) 低倍镜观察:从管腔面向外依次分辨管壁的三层结构。必要时转高倍镜观察(图2-4-5)。

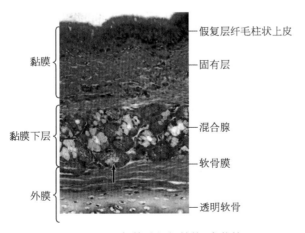

图 2-4-5　气管壁组织结构(高倍镜)

1) 黏膜由上皮和固有层组成。①上皮:为假复层纤毛柱状上皮,夹有杯状细胞,基膜明显。

②固有层:由结缔组织构成,弹性纤维较多,呈亮红色,内含腺体导管、血管和淋巴组织等。

2) 黏膜下层有疏松结缔组织构成,内含混合腺,与固有层无明显界限。

3) 外膜由透明软骨环和结缔组织构成。软骨环缺口处由致密结缔组织和平滑肌纤维构成,黏膜下层的腺体可伸至此处。

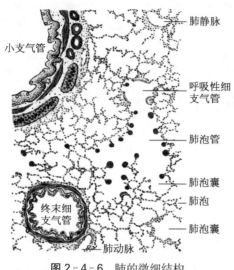

图 2-4-6 肺的微细结构

2. 肺(图 2-4-6)

(1) 取材:肺。

(2) 染色:H-E 染色。

(3) 肉眼观察:标本的大部分呈海绵样,是肺的呼吸部,还有大小不等的管腔,是肺内各级支气管和肺动、静脉分支的断面。

(4) 低倍镜观察:分辨导气部和呼吸部,注意支气管各级分支与血管的区别。在小支气管的一侧,有伴行的肺动脉分支断面,其管壁薄,管腔大。

1) 导气部:包括小支气管、细支气管和终末细支气管。①小支气管:管径粗、管壁厚,分为三层。黏膜:上皮为假复层纤毛柱状上皮,有杯状细胞,固有层薄,其外可有少量分散的平滑肌纤维。黏膜下层:为疏松结缔组织,含混合腺。外膜:由散在的透明软骨片和结缔组织构成,内含小血管。②细支气管:管径较小,管壁较薄。黏膜:上皮为假复层或单层纤毛柱状上皮,杯状细胞少,固有层内平滑肌较多。黏膜下层:薄、含腺体少或没有腺体。外膜:软骨片小且少,或无。③终末细支气管:管径细,黏膜常有皱襞,表面为单层纤毛柱状或单层立方上皮,杯状细胞、腺体和软骨均消失,平滑肌形成完整的环行层。

2) 呼吸部:包括呼吸性细支气管、肺泡管、肺泡囊和肺泡。呼吸性细支气管和肺泡管的管壁不完整,直接与肺泡相连通。

(5) 高倍镜观察:重点观察呼吸部。

1) 呼吸性细支气管:上皮部一致,被覆假复层纤毛柱状、单层柱状或单层立方上皮。上皮下仅有少量的结缔组织和平滑肌。有时可见终末细支气管、呼吸性细支气管、肺泡管、肺泡囊和肺泡相连通的纵切面。

2) 肺泡管:由于管壁上有很多肺泡开口,故管壁自身结构很少,仅存在于相邻肺泡开口之间的部分,呈结节状膨大。其表面被覆单层立方或单层扁平上皮,其下有少量结缔组织和平滑肌。

3) 肺泡囊:为几个肺泡共同开口的地方。

4) 肺泡:呈多边形或不规则形,肺泡壁很薄,主要由两种肺泡上皮组成,难以分辨。相邻肺泡之间的薄层结缔组织为肺泡隔,内有丰富的毛细血管。肺泡隔和肺泡腔内常有肺泡巨噬细胞,吞噬尘粒后则称为尘细胞,其胞质内含大量的黑色颗粒。

【想一想】

(1) 观察肺的组织切片,想一想肺导气部包括哪些?变化规律如何?

(2) 观察肺的组织切片,试述肺泡的组织结构,血-气屏障分哪几层?

任务三 家兔实验的基本操作

【实验目的】

学会正确的家兔实验的基本操作方法,包括家兔的捉持、称重、静脉麻醉、药液剂量计算方法、剪毛和手术方法、分离血管神经组织的方法、一般的插管方法、空气栓塞的处死方法。学会使用计算机生物信号采集分析系统记录和分析实验信号。

【实验器材】

兔台、哺乳类动物手术器械、MedLab 生物信号采集处理系统、台氏液、生理盐水、纱布。

【实验内容和方法】

(1) 家兔的捉持和固定方法。

(2) 家兔的全身麻醉方法。

(3) 家兔的静脉给药方法。

(4) 家兔被毛去除方法。

(5) 哺乳类动物手术器械的正确使用方法。

(6) 常用的家兔手术操作方法。

(7) 使用 MedLab 生物信号采集处理系统记录和分析实验信号的方法。

(8) 急性实验后,家兔的处死方法(空气栓塞法)。

【想一想】

你学会了家兔的捉持、麻醉和处死的方法了吗? 请简述这些方法。

任务四 呼吸运动的调节

【实验目的】

通过记录呼吸运动的幅度和频率的变化,了解体内某些因素对呼吸运动的影响。

【实验对象】

家兔。

【实验器材】

生物信号采集仪一套、呼吸换能器、兔板、注射器、针头、哺乳类动物手术器械一套、绳、1% 戊巴比妥钠、生理盐水、二氧化碳球囊、50 cm 长的橡皮管、气管插管。

【实验内容和方法】

1. **动物准备**

(1) 家兔的捉持、称重和麻醉:家兔的捉持方法见 P8。以每千克体重 3 ml 的 1%戊巴比妥钠溶液,从远离耳根部位的耳缘静脉中缓慢注射,麻醉家兔。注射时密切观察动物的呼吸、心跳、肌张力、角膜反射等,以防麻醉过深而死亡。麻醉后,家兔仰卧于兔台上,四肢和门牙用绳子固定。注意颈部必须放正拉直,以利于手术。

(2) 颈部剪毛、手术以及分离气管和迷走神经:剪去颈部手术野的毛,剪下的毛应及时放入盛水的杯中浸湿,以免兔毛到处飞扬。在甲状软骨下缘沿正中线用手术刀切开皮肤,切口 5～7 cm。用止血钳逐层分离皮下组织和肌肉,暴露气管。在气管两侧深层,找到颈总动脉鞘内的迷走神经(是三根神经中最粗而发亮的那根),用玻璃分针分别游离两侧颈总动脉鞘内的迷走神经 2～3 cm 长,用丝线穿线备用。注意不要过度牵拉和钳夹神经,以免神经受损。游离气管约 3 cm 长,在气管下穿线备用。

(3) 气管插管:在气管靠近头端用剪刀剪一倒"T"字形的切口,插入气管插管,用线固定,保证家兔呼吸通畅,以防窒息。

(4) 呼吸换能器的放置:把呼吸换能器的绑带包绕家兔胸廓一周,呼吸换能器的换能装置应紧贴呼吸运动最明显的胸廓部位,绑带松紧适中。

2. **仪器准备**

(1) 按照图 2-4-7 连接生物信号采集系统、计算机和呼吸换能器等。

(2) 启动计算机,打开生物信号采集系统电源,在桌面上单击 MedLab 图标,进入 MedLab 应用程序窗口。

(3) 把通道数设置为 2,从第一通道开始依次显示家兔的呼吸波、电刺激方波标记。

(4) 选择采样速度为 1 k/s。

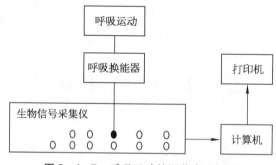

图 2-4-7 呼吸运动的调节实验框图

【观察项目】

(1) 观察和记录正常麻醉状态下的呼吸波。注意呼吸波的位置、疏密和幅度,通过基线调整以及放大或缩小幅度和时间轴的方法把呼吸波调整到居中、适合的疏密和幅度。

(2) 增加吸入气中二氧化碳的浓度:将装有二氧化碳的球胆通过一根细塑料管插入气管插管的一端(插管的另一端用手堵住),打开球胆管上的夹子,使二氧化碳随兔子的吸气而进入体内。观察和记录高浓度二氧化碳对呼吸运动的影响。在通入二氧化碳的同时加上注释,以方便实验后分析实验数据。以后的每个实验步骤中都要加上适当的注释。然后撤掉二氧化碳球胆,观察和记录其呼吸的恢复情况。

(3) 增大无效腔对呼吸的影响:在"Y"形的气管插管一端,接上 50 cm 长的橡皮管。堵住插管的另一侧,使动物通过橡皮管呼吸,观察和记录呼吸波的变化。然后去掉橡皮管,观察和记录其呼吸的恢复情况。

(4) 迷走神经对呼吸的影响:先记录一段时间的呼吸波,然后切断一侧迷走神经,观察和记录呼吸波的变化。一段时间后,观察呼吸运动是否恢复。再快速切断另一侧的迷走神经,观察和记录呼吸波的变化,同样观察一段时间,看这种呼吸运动的变化是否能恢复。

(5) 测量和计算各项实验步骤中的呼吸幅度和呼吸频率。

(6) 选取各实验步骤中有代表性的波形,把所需的内容按先后顺序分别粘贴在时间轴的末尾。

(7) 打印上述实验结果,粘贴在实验报告上。

【注意事项】

(1) 麻醉动物时,注射缓慢,同时观察动物的呼吸、心跳、肌张力、角膜反射以防麻醉过深而死亡。

(2) 颈部手术,皮肤切开后要注意沿正中线钝性分离组织,不能在没有看清血管走向的情况下盲目使用手术刀,不然会伤及血管导致大出血。

(3) 呼吸换能器的换能装置必须紧贴呼吸运动最明显的胸廓部位。

【想一想】

(1) 分析家兔吸入高浓度二氧化碳、增大无效腔和切断迷走神经分别引起呼吸运动变化的原因。

(2) 吸入纯氮或吸入高浓度二氧化碳,哪种情况对呼吸运动的影响大? 为什么?

消化系统的结构和功能

任务一　认识消化系统的解剖结构

【实验目的】

(1) 通过对模型和标本的观察,掌握消化系统的组成,各脏器的位置、重要结构和主要毗邻关系。熟悉腹膜所形成的结构和与脏器的关系。

(2) 在人体上辨认咽峡、腭扁桃体、阑尾根部的体表投影,胆囊、肝的体表投影。

【实验器材】

(1) 尸体(示教消化器官)。

(2) 消化器官的各分离标本和模型(食管、主动脉与气管,胃、空肠、回肠和大肠,盲肠与阑尾,直肠)。

(3) 人体半身模型。

(4) 头颈正中矢状切面模型和标本。

(5) 各类牙和牙构造的模型和标本。

(6) 咽腔和咽壁模型和标本。

(7) 男、女盆腔正中矢状切面模型和标本。

(8) 3对唾液腺、肝、胆、胰及十二指肠模型和标本。

(9) 腹膜标本或模型。

(10) 多媒体设备,消化系统正常和异常的大体结构图片和视频材料。

【实验内容和方法】

1. 消化系统模型、大体标本观察

(1) 口腔:口腔前庭、固有口腔、硬腭、软腭、腭垂、腭舌弓、腭咽弓、腭扁桃体、咽峡、舌系带、舌乳头。

(2) 牙:形态、构造、数目、排列(牙质、牙釉质、牙骨质、牙腔)(图2-5-1)。

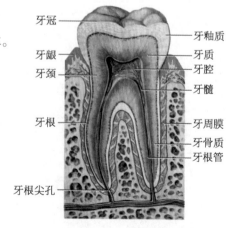

图2-5-1　牙的构造模式图
(纵切面)

（3）咽：位置、分部与交通。结构：①鼻咽：咽鼓管咽口、咽隐窝、咽鼓管圆枕、咽扁桃体；②口咽：腭扁桃体；③喉咽：梨状隐窝（图2-5-2、图2-5-3）。

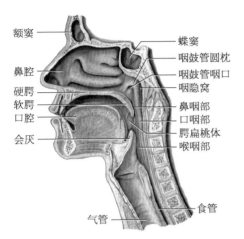

图2-5-2 头颈部正中矢状切面

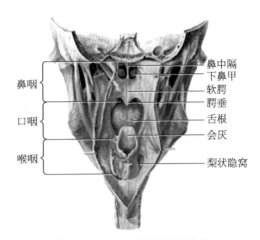

图2-5-3 咽腔（切开咽后壁）

（4）食管：位置，食管与气管和支气管的关系，食管的3个狭窄及其和中切牙的距离（图2-5-4）。

（5）胃：位置、形态（幽门、贲门、胃大弯、胃小弯、角切迹、胃窦）、分部（胃底、胃体、幽门部、贲门部）（图2-5-5）。

（6）小肠：小肠各部位置及十二指肠的分部和十二指肠大乳头。

（7）大肠：①盲肠和阑尾的位置、回盲瓣；②结肠的分部、各部的位置和外形特征（结肠带、结肠袋、肠脂垂）；③直肠的位置和弯曲（骶曲和会阴曲）（图2-5-6）。

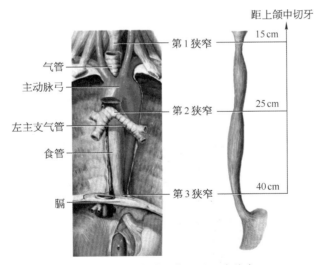

图2-5-4 食管的位置及3个狭窄

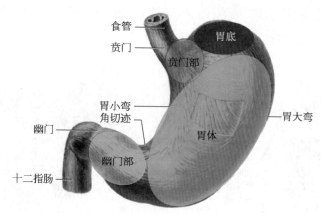

图 2-5-5　胃的形态和分部

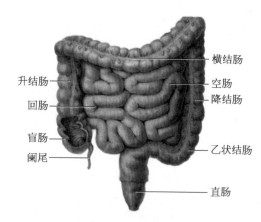

图 2-5-6　空肠、回肠与大肠

（8）肛管：肛门、肛柱、肛瓣、肛窦、齿状线、肛梳、白线、肛门内括约肌、肛门外括约肌。

（9）肝：①肝的位置。②肝的形态：肝镰状韧带、肝左叶、肝右叶、方叶、尾状叶、肝门的位置和出入肝门的结构（门静脉、肝固有动脉、左右肝管等）；胆囊窝及胆囊；肝圆韧带、静脉韧带、腔静脉沟及下腔静脉（图 2-5-7、图 2-5-8）。

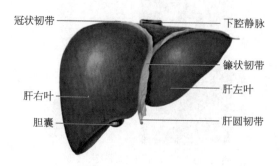

图 2-5-7　肝 的 膈 面

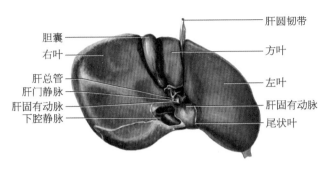

图 2-5-8 肝 的 脏 面

(10) 胆囊与输胆管道

1) 胆囊：位置、分部及胆囊底的体表投影(图 2-5-9)。

2) 输胆管道：左肝管、右肝管、肝总管、胆囊管、胆总管、肝胰壶腹及其开口部位、Oddi 括约肌(肝胰壶腹括约肌)。

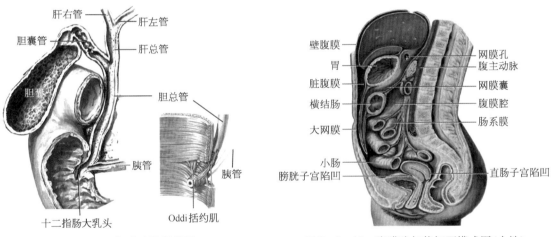

图 2-5-9 胆囊及输胆管道　　　　　　**图 2-5-10 腹膜腔矢状切面模式图(女性)**

(11) 胰：胰的位置、分部(胰头、胰体、胰尾)、胰管的开口(十二指肠大乳头)。

(12) 腹膜：壁层、脏层、腹膜腔、腹膜形成的结构(肠系膜、小网膜、大网膜、网膜孔、陷凹)、腹膜与脏器的关系(内位器官、间位器官、外位器官)(图 2-5-10)。

2. **在人体上触摸下列器官和部位** 舌乳头、舌系带、舌下阜、舌下襞、咽峡、牙的排列次序、腭扁桃体、阑尾的体表投影、胆囊底及肝上下界的体表投影。

【想一想】

想一想食管、胃、肝和胰的位置和形态,食管的 3 个生理性狭窄在哪里?

任务二　辨别消化系统的组织结构

【实验目的】

(1) 观察食管、胃和小肠管壁微细组织结构的分层及其结构特点。

(2) 观察肝小叶的结构,了解肝门管区的结构。

(3) 观察胰外分泌部的组织结构特点。

【实验器材】

食管、胃、小肠(十二指肠、空肠、回肠)、肝脏、胰腺的组织切片。

【实验内容和方法】

1. 食管

(1) 取材:食管横切面。

(2) 染色:H-E染色。

(3) 低倍镜观察:由管腔面依次向外观察(图2-5-11)。

1) 黏膜:上皮为未角化的复层扁平上皮,很厚。上皮基底部不平整,可见染色浅淡的结缔组织的横切面。固有层为致密结缔组织,内有小血管与食管腺导管,导管上皮为复层,外周常有淋巴细胞聚集,黏膜肌层为一层较厚的纵行平滑肌。

2) 黏膜下层:为疏松结缔组织,内有食管腺导管、黏液性和混合性的食管腺腺泡及黏膜下神经丛等。

3) 肌层:分为内环行、外纵行两层,肌层间有少量结缔组织及肌间神经丛。

4) 外膜:由疏松结缔组织组成,其中含有较大的血管、神经丛等。

(4) 高倍镜观察:黏膜下神经丛或肌间神经丛内可见几个神经元胞体,胞质被染成紫蓝色,核大而圆,染色浅,核仁明显。神经元周围有较多无髓神经纤维和神经胶质细胞。

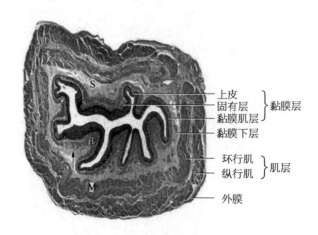

图2-5-11　食管壁的微细结构

2. 胃

(1) 取材:胃底部横切面。

(2) 染色:H－E染色。

(3) 肉眼观察:标本为长条形,着蓝色的部分为黏膜,深面染色浅的是黏膜下层,在其深面被染成红色的为肌层,外表是着色浅的薄层浆膜。

(4) 低倍镜观察:分清胃壁的四层结构。

1) 黏膜:表面由单层柱状上皮覆盖,有许多较浅的上皮凹陷,称为胃小凹。上皮下为固有层,内有大量排列紧密的胃底腺,由单层上皮围成。腺体之间的结缔组织少,而胃小凹之间则较多。固有层深面是黏膜肌层,由两层平滑肌组成,呈内环行、外纵行排列。

2) 黏膜下层:位于黏膜肌层深面,由疏松结缔组织组成,内含血管等。

3) 肌层:较厚,由三层平滑肌构成,呈内斜行、中环行、外纵行排列,在环行与纵行平滑肌之间有肌间神经丛。

4) 浆膜:位于肌层外面,在疏松结缔组织表面覆有一层间皮。

(5) 高倍镜观察:着重观察黏膜层的结构(图2－5－12)。

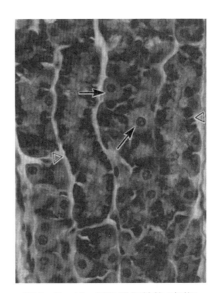

图2－5－12 胃的微细结构(高倍)

1) 上皮:为单层柱状上皮,顶部胞质内充满黏原颗粒,不易着色,呈现透明区。

2) 胃底腺:固有层内有许多不同断面的胃底腺,呈圆形、卵圆形、长条形等,腺腔狭小。①主细胞:数量较多,分布于胃底腺的体部和底部。细胞呈矮柱状,胞核呈圆形,位于细胞的基底部。胞质呈嗜碱性,顶部胞质呈空泡状,这是由于酶原颗粒被溶解所致。②壁细胞:较主细胞少,多分布于胃底腺的颈部和体部。胞体较大,呈圆形或三角形,胞核呈圆形,位于细胞的中央,少数细胞有双核,胞质呈嗜酸性,着深红色。③颈黏液细胞:数量少,分布于胃底腺的颈部,不必分辨。

3. 十二指肠

(1) 取材:十二指肠横切面。

(2) 染色:H－E染色。

(3) 肉眼观察:肠腔面有许多细小的突起,为绒毛,根据着色的不同,可分辨管壁的四层结构。

(4) 低倍镜观察:分辨十二指肠管壁的四层结构。

1) 黏膜:黏膜表面有许多伸向肠腔的突起,即为小肠绒毛(图2－5－13),绒毛的纵切面呈叶状,横切面呈卵圆形,由上皮和固有层组成。固有层中有不同断面的小肠腺。黏膜肌层呈内环行、外纵行排列。

2) 黏膜下层:由疏松结缔组织组成,含小血管、淋巴管及十二指肠腺。

3) 肌层:由内环、外纵两层平滑肌组成。两层之间有少量结缔组织及肌间神经丛。

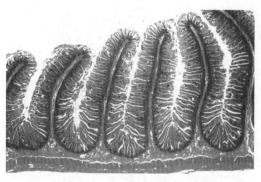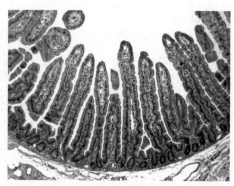

图 2-5-13 小肠纵切面

左:环形皱襞;右:小肠绒毛

4) 浆膜:由疏松结缔组织和间皮构成。

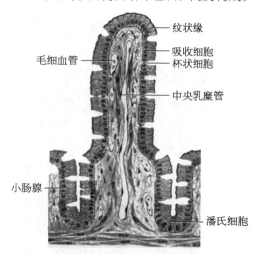

图 2-5-14 小肠绒毛微细结构

（5）高倍镜观察:着重观察小肠绒毛、小肠腺和十二指肠腺的结构(图 2-5-14)。

1) 小肠绒毛:覆盖绒毛表面的为单层柱状上皮,柱状细胞的游离面有细微纹状着亮红色的一层,此为纹状缘。柱状细胞间夹有空泡状的杯状细胞,胞核位于细胞基底部。绒毛的中轴为结缔组织,内有纵行的中央乳糜管(毛细淋巴管),由内皮构成,管腔较毛细血管大。还有毛细血管和分散的平滑肌纤维,沿绒毛纵轴排列,还可见到淋巴细胞。

2) 小肠腺:为单管状腺,由相邻绒毛基底部之间的上皮向固有层内陷而形成。选择一与绒毛的上皮相连续的小肠腺纵切面进行观察。小肠腺开口于相邻绒毛之间。构成小肠腺的主要细胞有:①柱状细胞,形态与绒毛的柱状细胞相同,位于小肠腺的上半部。②杯状细胞,形态与绒毛的杯状细胞相同,位于小肠腺的上半部。

3) 十二指肠腺:位于黏膜下层,为复管状腺。腺细胞呈矮柱状,胞核呈圆形或扁圆形,靠近细胞基底部,胞质着色深,为黏液性腺细胞。腺导管由单层柱状上皮组成,管腔较大,穿过黏膜肌,开口于肠腺的底部。

4. 空肠

（1）取材:空肠的横切面。

（2）染色:H-E染色。

（3）肉眼观察:肠腔面有许多细小的绒毛,可分辨管壁的四层结构。

（4）低倍镜观察:分辨管壁的四层结构,观察黏膜和黏膜下层,注意与十二指肠及回肠相区别。

1) 绒毛:为舌状。绒毛上皮中的杯状细胞数量较十二指肠多,但比回肠少。

2）淋巴组织：小肠固有层内均含孤立淋巴小结，但以小肠远侧部为多。

3）黏膜下层：无腺体。

5. 回肠

（1）取材：回肠的横切面。

（2）染色：H-E染色。

（3）肉眼观察：肠腔面有许多细小的绒毛，可分辨管壁的四层结构，黏膜下层内有一团蓝紫色的集合淋巴小结。

（4）低倍镜观察：分辨管壁的四层结构，观察黏膜与黏膜下层，注意与十二指肠及空肠相区别。

1）绒毛：呈指状突起。绒毛上皮中的杯状细胞多。

2）淋巴组织：固有层内有由数个淋巴小结集合在一起而形成的集合淋巴小结，并可侵入黏膜下层。

3）黏膜下层：无腺体。

6. 肝（图2-5-15）

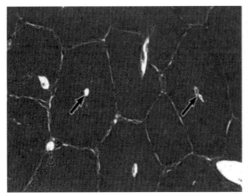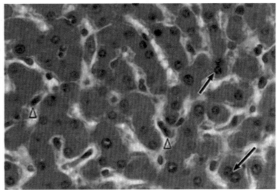

图2-5-15　肝的微细结构（低倍、高倍）

（1）取材：肝。

（2）染色：H-E染色。

（3）肉眼观察：肝被分成许多小区，即肝小叶。

（4）低倍镜观察

1）被膜：在肝的一侧有薄层被膜，由致密结缔组织构成。

2）肝小叶：呈多边形或不规则形，由于肝小叶之间的结缔组织较多，故肝小叶界限清楚。横切面的肝小叶中央有一条中央静脉。以中央静脉为中心，肝细胞呈索状向四周放射状排列，称为肝索。肝索之间的腔隙为肝血窦。

3）肝门管区：在相邻的几个肝小叶之间，结缔组织较多，其中有小叶间动脉、小叶间静脉和小叶间胆管的断面。

4）小叶下静脉：位于两小叶之间，是一条单独走行的静脉，管径大，管壁完整。

（5）高倍镜观察：进一步观察肝小叶和门管区的结构。选择肝小叶的横切面进行观察。

1)肝小叶:①肝索:由单行的肝细胞排列而成,肝索互相连接成网。肝细胞体积较大,呈多边形,有1～2个细胞核,核仁明显,胞质被染成粉红色。②肝血窦:为肝索之间的空隙。窦壁由内皮细胞组成。内皮细胞核呈扁圆形,染色较深,胞质少,不易辨认。窦内有库普弗细胞(肝巨噬细胞)。体积较大,形状不规则,常以凸起与窦壁相连,胞核染色较浅,胞质丰富。③中央静脉:管壁薄,由内皮和少量结缔组织构成;由于肝血窦开口于中央静脉,故管壁不完整。

2)肝门管区:在肝小叶之间的结缔组织中有三种相互伴行的管道,但每种管道的断面往往不止一个。①小叶间动脉:管腔小而圆,管壁厚,中膜有环形平滑肌。②小叶间静脉:管腔大、壁薄,形状不规则。③小叶间胆管:由单层立方上皮构成。上皮细胞的胞质清亮,核呈圆形,着色较深。

7. 胰腺

(1)取材:胰腺。

(2)染色:H-E染色。

(3)肉眼观察:形状不规则、大小不等的区域为胰腺小叶。

(4)低倍镜观察:由于胰腺小叶间的结缔组织少,故胰腺小叶之间的界限不明显。

1)胰腺小叶:①外分泌部:有许多紫红色的腺泡及导管的各种断面。②内分泌部:为散在分布于外分泌部之间的大小不等、着色较浅的细胞团,称为胰岛。

2)小叶间导管:胰腺小叶之间的结缔组织中有小叶间导管,管壁由单层柱状上皮构成。

(5)高倍镜观察:重点观察胰腺小叶的结构。

1)腺泡:为浆液性腺泡。腺细胞呈锥形,顶部的胞质呈嗜酸性,基底部的胞质嗜碱性强。胞核呈圆形,位于细胞基底部。腺腔中央常见较小的泡心细胞,为单层扁平或单层立方细胞,胞核呈扁圆形或圆形,胞质着色浅。

2)闰管:管径小,由单层扁平上皮构成。有时可见闰管与泡心细胞相连续。由于闰管长,故闰管的断面较多。

3)小叶内导管:由单层立方上皮构成。

4)胰岛:周围有少量结缔组织,与腺泡相分隔。腺细胞呈不规则排列,相互连接成索状或团状,细胞之间的毛细血管丰富。

【想一想】

(1)以十二指肠为例,想一想小肠的微细组织结构分为几层? 各有什么特点?

(2)想一想正常的肝小叶的结构。

任务三　小肠平滑肌的运动

【实验目的】

观察哺乳动物离体消化道平滑肌的一般生理特性。学习哺乳类动物离体器官灌流的方法。

【实验对象】

家兔。

【实验器材】

生物信号采集系统、麦氏浴槽、张力换能器、大试管、滴管、台氏液、1：10 000 肾上腺素溶液、1：10 000 乙酰胆碱溶液、阿托品。

【实验内容和方法】

(1) 标本制备:将兔执于手中倒悬,用木槌猛击兔头的枕部,使其昏迷,立即剖开腹腔,找出胃幽门与十二指肠交界处,以此处为起点取长 20～30 cm 的肠管,置于台氏液内轻轻漂洗,然后保存于室温的台氏液内,同时供氧。实验时取一段长 3～4 cm 的肠段,一端用恒温浴槽中心管内的有机玻璃板下端的蛙心夹固定,另一端用小钩钩住,通过丝线连于张力换能器上,此相连的丝线必须与水平面垂直,且不能与浴槽中心管内壁接触,以免摩擦而影响记录效果(图 2-5-16)。

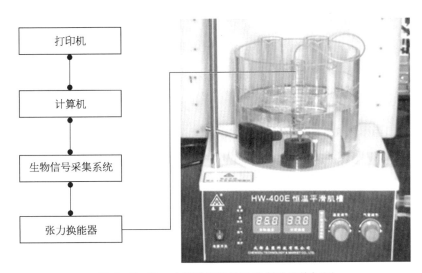

图 2-5-16 小肠平滑肌的运动实验连接框图

(2) 仪器装置:连接实验装置,在恒温浴槽中心管内盛 38 ℃的台氏液,外部容器中加装温水,开启电源加热,恒温浴槽温度控制在 38～39 ℃。调节恒温平滑肌槽的气体调节旋钮,使中心管内的气泡一个接一个地冒出液面,供应小肠足够的氧气。

(3) 启动计算机,打开生物信号采集系统电源,在桌面上单击 MedLab 图标,进入 MedLab 应用程序窗口。

(4) 把通道数设置为 1,显示家兔小肠的蠕动波。

(5) 选择采样速度为 1 k/s。

【观察项目】

(1) 观察和记录正常的离体小肠平滑肌在台氏液中,38～39 ℃时的蠕动曲线。通过基线调整及放大或缩小幅度和时间轴的方法把小肠的蠕动波调整在居中、适合的疏密和幅度。应注意观察其紧张性(基线的高度)、收缩幅度和蠕动频率等指标。

(2) 在台氏液中加入 1：10 000 肾上腺素 1～2 滴,观察和记录肠段运动的变化。待作用出现后,即从和中心管相连的侧管放出含有肾上腺素的台氏液,立即倒入预先准备好的 38 ℃左右的新鲜台氏液,如此反复更换浴槽中心管内的台氏液 2～3 次,以进行稀释和洗涤,观察小肠的蠕动是否恢复。加药和换液时刻,在曲线上加上标注。以后的每个实验步骤中都要加上适当的标注,以利于实验结束后数据的统计和分析。

(3) 待肠段恢复正常活动后,在台氏液中加入 1：10 000 乙酰胆碱 1～2 滴,观察和记录肠段运动的变化。待作用出现后,立即用台氏液换洗。

(4) 在台氏液中同时加入阿托品和 1：10 000 乙酰胆碱各 1～2 滴,观察和记录其对肠段运动的影响。待作用出现后,立即更换台氏液换洗。

(5) 将恒温浴槽内的温水换成室温的水,台氏液换成室温台氏液,同时停止供氧。观察和记录此时肠段蠕动的变化。

【注意事项】

(1) 肠段标本与张力换能器之间的连线要与水平面保持垂直,松紧适当,并且使之不与浴槽壁相摩擦。观察肠段运动方向和计算机屏幕上的记录曲线是否一致,即收缩时曲线上升,舒张时曲线下降。否则,可将张力换能器旋转 180°。

(2) 在加药前,必须先准备好更换用的 38 ℃台氏液。

(3) 每次加药出现效果后,必须立即更换浴槽内的台氏液,待肠段恢复正常活动后再观察下一个项目。

【想一想】

乙酰胆碱对消化道平滑肌和对心肌的作用有何不同?

泌尿系统的结构和功能

任务一　认识泌尿系统的解剖结构

【实验目的】

观察正常泌尿系统的标本和模型,认知泌尿系统的组成以及肾、输尿管、膀胱和尿道的形态结构、位置和毗邻。

【实验器材】

(1) 泌尿系统各脏器分离标本和模型。

(2) 肾的冠状切面标本和模型。

(3) 男、女盆腔正中矢状切面标本和模型。

(4) 多媒体设备,正常和疾病的泌尿系统大体标本的图片、视频。

【实验内容和方法】

1. 肾

(1) 肾位置、肾的形态(肾门、肾蒂、肾皮质、肾髓质、肾柱、肾锥体、肾乳头等)(图2-6-1)。

(2) 肾窦(内有肾小盏、肾大盏、肾盂、肾动脉分支、肾静脉属支、脂肪组织等)。

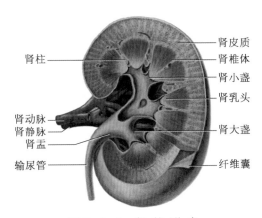

图2-6-1　肾　的　形　态

(3) 肾被膜(自内向外依次为纤维囊、脂肪囊、肾筋膜)。

2. **输尿管**　输尿管位置、分部和三个狭窄的部位。

3. **膀胱**

(1) 形态(膀胱尖、膀胱体、膀胱底、膀胱颈)(图2-6-2)。

(2) 膀胱三角的位置和结构特点(图2-6-3)。

(3) 成人膀胱的位置和主要毗邻关系。

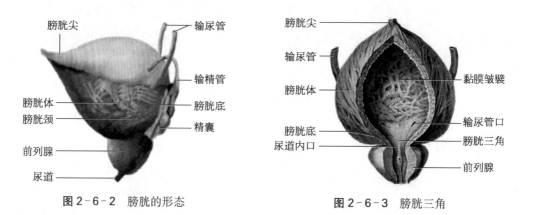

图2-6-2　膀胱的形态　　　　　图2-6-3　膀胱三角

4. **女性尿道**　女性尿道位置、长度、开口部位和特点。

【想一想】

(1) 想一想肾、输尿管、膀胱和尿道的位置、形态和毗邻。

(2) 想一想膀胱三角的位置、特点和临床意义。

任务二　辨别泌尿系统的组织结构

【实验目的】

学习观察正常的肾脏组织切片的微细结构。

【实验器材】

(1) 肾单位整体模型和分解模型。

(2) 正常肾脏的组织切片。

【实验内容和方法】

泌尿系统的正常组织微细结构。

(1) 取材:肾脏。

(2) 染色:H-E染色。

（3）肉眼观察：标本呈扇形，表面染色较深，为皮质；深部染色较浅，为髓质。

（4）低倍镜观察

1）被膜：位于肾的表面，由致密结缔组织构成。

2）皮质：位于被膜的深面，其内有很多呈圆形的肾小球，而髓质内则无肾小球；此外，在皮质和髓质的交界处有较大的血管，即弓形动、静脉。

3）髓质：主要由平行的直管（肾小管直部、细段、集合小管）组成。

（5）高倍镜观察（图2-6-4）

1）皮质：①肾小体：由血管球和肾小囊组成。血管球由毛细血管构成，肾小囊脏层（内层）细胞紧贴毛细血管外面。肾小囊壁层（外层）为单层扁平上皮，脏、壁两层细胞之间是肾小囊腔。②近端小管曲部（近曲小管）：断面数目较多，管径较粗，管壁较厚，管腔小而不整齐。上皮细胞呈锥体形，界限不清，胞质嗜酸性较强，着红色，胞核呈圆形，位于细胞基底部，胞核之间的距离较大。③远端小管曲部（远曲小管）：断面较近曲小管少，管径较小，管壁较薄，管腔较大而整齐，上皮细胞呈立方形，界限较清楚，胞质嗜酸性弱，着色浅，胞核呈圆形，位于细胞中央或近腔面，胞核之间的距离较小。④致密斑：由远曲小管靠近肾小球血管极一侧的上皮细胞逐渐变高、变窄，胞核紧密排列而形成。

2）髓质：重点观察细段和集合小管。①细段：选择肾锥体底部的细段进行观察。管径最细，管壁由单层扁平上皮构成，胞核呈卵圆形并突向管腔，胞质着色浅，界限不清。注意与毛细血管相区别。②集合管：上皮细胞为立方形或柱状，细胞界限清楚，胞质清晰，胞核着色较深。

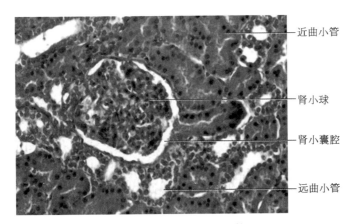

近曲小管

肾小球

肾小囊腔

远曲小管

图2-6-4　肾的微细结构

【想一想】

想一想正常肾脏的微细结构的特点。

任务三　观察去甲肾上腺素、高浓度葡萄糖对尿生成的影响

【实验目的】

进一步学习家兔的静脉给药和手术方法；观察去甲肾上腺素、高浓度葡萄糖等对尿生成的影响，并分析其作用机制。

【实验原理】

尿生成的过程包括肾小球的滤过、肾小管和集合管的重吸收、肾小管和集合管的分泌与排泄。肾小球滤过受滤过膜的面积和通透性、血浆胶体渗透压、肾小球血浆流量及肾小球毛细血管血压等因素的影响，后两者又受肾交感神经以及肾上腺素和去甲肾上腺素等体液因子的影响。肾小管重吸收受小管液中溶质浓度等因素的影响。

【实验对象】

家兔。

【实验器材】

哺乳类动物手术器械、细塑料管、丝线、手术灯、纱布、量筒、1％戊巴比妥钠溶液、20％葡萄糖溶液、1：10 000 去甲肾上腺素、生理盐水、注射器若干。

【实验内容和方法】

（1）动物准备

1）家兔的捉持、称重和麻醉：家兔的捉持方法参见第二章中的"动物的捉持和称重"。以1％戊巴比妥钠溶液每千克体重3 ml的参考剂量，从远离耳根部位的耳缘静脉中缓慢注射，麻醉家兔。注射时密切观察动物的呼吸、心跳、肌张力、角膜反射等，以防麻醉过深而死亡，参见第二章中的"实验动物的麻醉方法"。麻醉后，家兔仰卧于兔台上，四肢和门牙用绳子固定。注意下腹部必须放正拉直，以利于手术。

2）下腹部手术：剪去下腹部手术野的兔毛，剪下的兔毛应及时放入盛水的杯中浸湿，以免兔毛到处飞扬。在耻骨联合上缘沿正中线向上做5 cm长的皮肤切口，用止血钳逐层分离皮下组织和肌肉。沿腹白线切开暴露腹腔，将膀胱轻轻向外向下拉出，暴露膀胱三角，仔细辨认输尿管，并将一侧输尿管与周围组织轻轻分离，避免出血。用线将输尿管近膀胱端结扎，在结扎线的上部用眼科小剪刀剪一斜口，切口约为管径一半，把充满生理盐水的细塑料管经输尿管的斜口向肾脏方向的输尿管插入，用线结扎固定，进行导尿，可看到尿液随着输尿管的蠕动间断性地从细塑料管中逐滴流出（注意：塑料管插入输尿管管腔内，不要插入管壁肌层与黏膜之间，插管方向应与输尿管方向一致，勿使输尿管扭曲，以免妨碍尿液流出，见图2-6-5）。手术完毕

后用 38 ℃左右的生理盐水纱布在腹部切口处遮盖,以保持腹腔内温度并避免体内水分的过度流失。将细塑料管引至兔板边缘,使尿液滴在小烧杯内,用秒表计数每分钟的尿液滴数。

(2) 待尿流量稳定后,即可进行下列实验项目,每项实验开始时,都应先记录 1 min 尿流量作为对照,然后分别进行注射各种药品,观察和记录 3 min 内尿流量的变化(注意:记录注射药物后头 3 min 内每 1 min 的尿流量,而不是 3 min 累计尿量)。

(3) 从耳缘静脉注射 1:10 000 去甲肾上腺素 0.1～0.2 ml,记录尿流量的变化。

(4) 由耳缘静脉注射 20％葡萄糖溶液 5 ml,记录尿流量的变化。

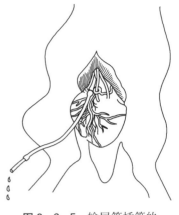

图 2-6-5 输尿管插管的示意图

(5) 实验结果记录:把药液静脉注射前后,每 1 min 的导尿量记录在表 2-6-1 中。

表 2-6-1 尿量记录表

项　　目	用药后尿量(滴数)		
	1 min	2 min	3 min
对照尿液滴数			
1:10 000 去甲肾上腺素 0.1～0.2 ml			
20％葡萄糖溶液 5 ml			

【注意事项】

(1) 实验中需多次进行静脉注射,应注意保护兔的耳缘静脉,注射时应从远离耳根部位开始,逐渐移近耳根。亦可在实验开始前,从耳缘静脉进行静脉滴注,以后每次注射药物可从静脉滴注管注入。

(2) 输尿管插管时,注意不要插入其黏膜层,并避免反复插管而损伤黏膜面造成出血,以致血液凝固堵塞输尿管。

(3) 输尿管插管不能扭曲,以免引流不畅。

【想一想】

从耳缘静脉分别注射 1:10 000 去甲肾上腺素 0.1～0.2 ml 和 5 ml 20％的葡萄糖溶液,会对尿量产生什么影响? 分别是通过什么生理机制实现的?

任务四　观察呋塞米的利尿作用

【实验目的】

观察呋塞米的利尿作用及了解其作用的生理机制。

【实验对象】

同任务三。

【实验器材】

同任务三。

【实验内容和方法】

(1) 动物准备:同任务三。

(2) 耳缘静脉注射呋塞米 0.5 ml/kg,然后每隔 5 min 收集一次尿液,连续 4 次,合并各次尿液,记录用药后 20 min 总尿量。

(3) 实验结果记录:将尿量测定结果填入表 2-6-2。

表 2-6-2　呋塞米注射前后尿量记录表

项　目	呋塞米静脉注射前后尿量(ml)			
	5 min	10 min	15 min	20 min
对照尿量				
呋塞米 0.5 ml/kg				

【注意事项】

同任务三。

【想一想】

想一想呋塞米和任务三中的 20% 葡萄糖都引起尿量增多,两者的作用机制有何不同?

实验七

生殖系统的解剖和组织结构

任务一　认识生殖系统的解剖结构

【实验目的】

通过观察生殖系统标本、模型,掌握男性与女性生殖系统的组成、形态、结构特点、位置和毗邻。

【实验器材】

(1) 男性生殖器的模型和标本。

(2) 男、女盆腔正中矢状切面模型和标本。

(3) 女性生殖器的模型和标本。

(4) 盆底肌及会阴的模型和标本。

(5) 多媒体设备,生殖系统的大体模型和标本的图片和视频。

【实验内容和方法】

1. 男性生殖器标本、模型观察(图 2-7-1)

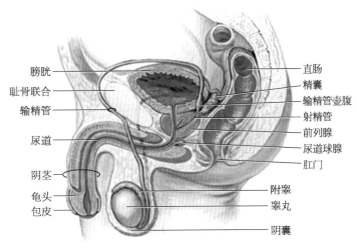

图 2-7-1　男性生殖系统组成

（1）睾丸与附睾：睾丸与附睾的位置和形态。

（2）输精管与精索：输精管的行径，精索的组成，射精管的形成和开口。

（3）精囊与前列腺：精囊与前列腺的位置，精囊与输精管壶腹和直肠的关系。

（4）阴囊与阴茎：阴囊的结构，阴茎的阴茎海绵体和尿道海绵体。

（5）男性尿道：男性尿道的位置、长度、分部、弯曲和狭窄。

2. **女性生殖器标本、模型观察**（图2-7-2）

（1）卵巢：卵巢位置和形态。

（2）输卵管：输卵管位置、分部（输卵管子宫部、输卵管峡、输卵管壶腹、输卵管漏斗）、输卵管伞。

（3）子宫：子宫位置和毗邻关系；子宫形态和分部（子宫底、子宫体、子宫颈），子宫腔、子宫颈管、子宫口；子宫阔韧带和子宫圆韧带。

（4）阴道：阴道位置、阴道穹及阴道后穹和直肠子宫陷凹的关系，阴道开口位置。

（5）女阴：阴道前庭位置，尿道口和阴道口的位置关系。

（6）会阴：会阴（广义和狭义）的范围，尿生殖膈和盆膈的组成及穿过的结构。

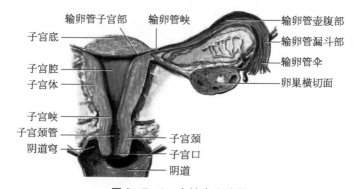

图2-7-2　女性内生殖器

【想一想】

想一想男性和女性生殖器的组成、结构特点和毗邻。

任务二　认识生殖系统的组织结构

【实验目的】

观察睾丸、卵巢和子宫内膜等生殖系统的微细结构，了解其微细结构特点。

【实验器材】

（1）卵巢组织切片。

（2）睾丸组织切片。

（3）子宫内膜（增生期、分泌期）组织切片。

（4）多媒体设备，生殖系统微细结构的图片和视频。

【实验内容和方法】

1. 睾丸

（1）取材：睾丸。

（2）染色：H-E染色。

（3）肉眼观察：标本中呈椭圆形的为睾丸，它的一侧有一长条形的组织，为附睾。

（4）低倍镜观察：表面是由致密结缔组织构成的睾丸白膜，其深面有很多不同断面的生精小管，管壁厚，由多层大小不一的细胞构成。精曲小管之间的结缔组织中血管丰富，并含体积较大的间质细胞。

（5）高倍镜观察：生精小管管壁由生精上皮构成，分为生精细胞和支持细胞两种（图2-7-3）。

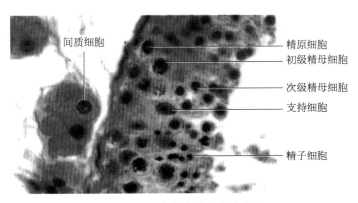

图2-7-3　生精上皮与睾丸间质

1）生精细胞：按发育过程有秩序的排列，从外向内可见：

精原细胞：位于基膜上，细胞较小，呈圆形或椭圆形；胞核呈圆形，着色较深。

初级精母细胞：位于精原细胞内侧，为数层体积较大的细胞，呈圆形，胞核呈圆形，较大。细胞常处于有丝分裂前期，胞核内有粗大、着深蓝色的染色体。

次级精母细胞：位于初级精母细胞内侧，细胞较小，胞核呈圆形，着色较深。

精子细胞：靠近腔面，细胞更小，胞核圆且小，染色较深。

精子：精子头呈镰状，成群聚集在支持细胞顶端，尾部不清。

2）支持细胞：位于生精细胞之间，其形状难以辨认，胞核呈卵圆形，其长轴与管壁垂直，染色质很少，着色浅，核仁明显。

3）间质细胞：位于生精小管间的结缔组织内，细胞呈圆形或多边形，单个或成群分布，胞核常偏位，着色浅，胞质呈嗜酸性，内含小脂滴。

2. 卵巢（图2-7-4）

（1）取材：卵巢。

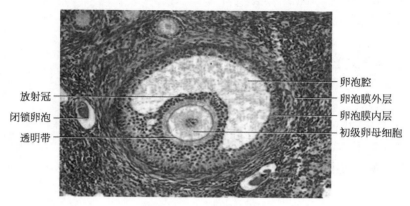

放射冠
闭锁卵泡
透明带

卵泡腔
卵泡膜外层
卵泡膜内层
初级卵母细胞

图 2-7-4　卵巢微细结构

（2）染色：H-E染色。

（3）肉眼观察：标本为卵圆形，周围部分为皮质，可见大小不等的空泡，为发育中的卵泡。中央着色较浅的狭窄部分为髓质。

（4）低倍镜观察

1）被膜：由表面的单层扁平或立方上皮及深面薄层结缔组织形成的白膜组成。

2）皮质：占卵巢的大部分，含许多大小不一的各期卵泡，卵泡间为结缔组织。

3）髓质：狭小，由疏松结缔组织构成，血管较多。皮质和髓质无明显的界限。

（5）高倍镜观察：重点观察发育各期的卵泡。

1）原始卵泡：位于皮质浅部，数量很多。体积小，由中央一个初级卵母细胞和周围一层扁平的卵泡细胞构成。初级卵母细胞较大，胞核大而圆，呈空泡状，核仁明显。卵泡细胞的界限不清楚，胞核为扁圆形。

2）初级卵泡：中央仍为初级卵母细胞，体积稍大，周围是单层立方或矮柱状多层卵泡细胞，在初级卵母细胞与卵泡细胞间有一层嗜酸性的透明带。

3）次级卵泡：卵泡细胞间出现大小不一的腔隙或合并成一个大腔，即卵泡腔，内含卵泡液。初级卵母细胞和周围的一些卵泡细胞被挤至卵泡一侧，形成卵丘。初级卵母细胞增大，紧靠初级卵母细胞的一层卵泡细胞成为柱状，呈放射状排列，即放射冠。另一部分卵泡细胞分布在卵泡壁的腔面，称为颗粒层。卵泡壁外面为卵泡膜，由结缔组织构成。分内、外两层，内层含细胞和小血管较多，外层含纤维多。

4）成熟卵泡：是卵泡发育的最后阶段，体积增大至直径1 cm左右，向卵巢表面突出。

5）闭锁卵泡：是退化的卵泡，可发生在卵泡发育的各期，故闭锁卵泡的结构不完全相同。表现为卵细胞形状不规则或萎缩消失，透明带皱缩，卵泡壁塌陷等。

6）间质腺：次级卵泡退化时，卵泡膜内层细胞变肥大，呈多边形，胞质为空泡状，着色浅。这些细胞被结缔组织和血管分隔成细胞团或索，即间质腺。

3. 子宫内膜增生期

（1）取材：人的子宫。

（2）染色：H-E染色。

（3）肉眼观察：标本为长方形，一端被染成紫色的为内膜，其余部分很厚、被染成红色的为肌层。

（4）低倍镜观察：分辨子宫壁的内膜、肌层和浆膜层。

1）内膜：由单层柱状上皮和较厚的固有层组成。固有层中含子宫腺，为单管状腺，数量不多。螺旋动脉较少。

2）肌层：很厚，由许多平滑肌束和结缔组织构成。肌纤维排列方向不一致，中部的结缔组织中含较多血管。

3）浆膜：由薄层结缔组织和间皮构成。

（5）高倍镜观察：重点观察内膜。

1）子宫腺：较直，腺腔较小且无分泌物，腺上皮与内膜上皮相同，亦为单层柱状上皮。

2）基质细胞：数量多，呈梭形或星形，细胞界限不清楚，胞核较大，呈卵圆形。

4. 子宫内膜分泌期（图 2 - 7 - 5）

（1）取材：人的子宫。

（2）染色：H - E 染色。

（3）肉眼观察：标本为长方形，一侧被染成紫色的为内膜，其余被染成红色的为肌层。

（4）低倍镜观察：可见在子宫腔面的子宫内膜较增生期厚。固有层内的子宫腺更多，腺腔更大而不规则，腺腔内充满分泌物。

（5）高倍镜观察：重点观察内膜，注意与增生期相比较，内膜的固有层内结缔组织疏松。细胞较增生期更多而肥大，血管更丰富。

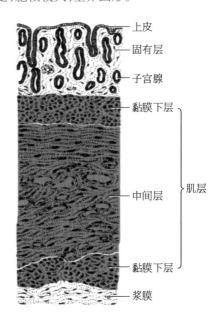

图 2 - 7 - 5　子宫壁结构

【想一想】

（1）你观察到的睾丸和卵巢的微细结构特点是什么？

（2）子宫内膜增生期和分泌期有何区别？

实验八

心脏的解剖结构和功能

任务一　认识心脏的解剖结构

【实验目的】

通过对心脏及其动脉、静脉模型和标本的观察,掌握心脏的位置、外形、内部结构、毗邻以及出入的动静脉走向和名称。

【实验器材】

(1) 人体半身模型及标本。

(2) 大、小心脏模型,心脏标本,心包与纵隔模型及标本。

【实验内容和方法】

(1) 心的位置和外形:观察胸腔解剖标本(图2-8-1、图2-8-2),可见心位于中纵隔内,膈的上方,被心包包裹。心的2/3位于正中线左侧,心尖朝向左前下方。心表面的冠状沟、前室间沟及后室间沟因被血管及脂肪充填,故不甚明显。

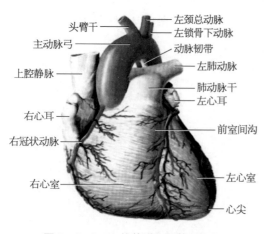

图2-8-1　心的外形和血管(前面)

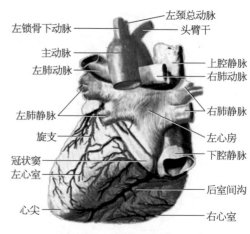

图2-8-2　心的外形和血管(后面)

(2) 心腔的形态:取切开心壁暴露心腔的标本观察(图2-8-3),心有4个腔,即右心房、左心房、右心室和左心室。左、右两心房和左、右两心室间分别由房间隔和室间隔分隔,同侧心房与心室之间有房室口相通。

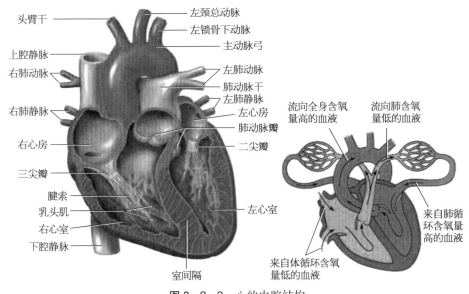

图2-8-3 心的内腔结构

1) 右心房:观察其上壁有上腔静脉口,下壁有下腔静脉口,与右心室相通的孔道即右房室口,右房室口与下腔静脉口之间有一较小的开口即冠状窦口。房间隔的下部注意辨认卵圆窝。

2) 右心室:辨认右房室口的周缘附着的三尖瓣,三尖瓣向下突入右心室。注意观察连于瓣膜的腱索及与腱索相连的乳头肌。右心室左上方的开口为肺动脉口,口周缘3片半月形的瓣膜,即肺动脉瓣,位于肺动脉口之间的右室壁上,注意辨认室上嵴。

3) 左心房:观察其突向右前方的部分即左心耳,其后部两侧各有两个开口,为两侧肺静脉的开口,左心房前下方的开口即左房室口。

4) 左心室:辨认左房室口的周缘附着的二尖瓣,左房室口的内侧有流出道的出口,即主动脉口,口周围也附着3片半月形的瓣膜,即主动脉瓣。

(3) 心的血管:观察心的血管标本。

1) 动脉:左、右冠状动脉为营养心的两条动脉主干。两动脉均起始于升主动脉,行于心外膜深面。

2) 静脉:主要有心大、中、小静脉,3条静脉均汇入冠状沟后部的冠状窦,后者开口于右心房。

(4) 心包:心包是包裹在心的外面及大血管根部的囊状结构。辨认纤维性心包及浆膜性心包,区分浆膜性心包的脏层和壁层,注意观察心包腔的形成。

(5) 结合教材内容对照图谱、模型、尸体标本,观察心的位置、形态结构特点,与邻近脏器的毗邻关系。尸体、活体对照体会心的体表投影。

【想一想】

通过观察心脏的模型,简要回答心脏的结构、出口和入口、冠状动脉的主要分支和心脏的功能。

任务二　认识心脏的泵血功能(期前收缩与代偿间歇)

【实验目的】

学会在体蟾蜍心跳曲线的记录方法,并通过观察期前收缩和代偿间歇来验证心肌有效不应期长的特征。

【实验原理】

两栖类动物心脏起搏点位于静脉窦,此处的自动节律性最高,心房和心室的细胞虽然也有自动节律性,但比较低。正常情况下心脏以静脉窦的节律跳动。如果高位兴奋下传的途径被阻,则低位心肌细胞的自动节律性也能引起心脏的搏动。心肌的另一特性是具有较长的不应期,心肌的有效不应期占整个收缩期和舒张早期,在此期内给心肌以任何刺激,都不会引起反应。而在相对不应期(约相当于心肌的舒张中后期)给心肌单个阈上刺激,即可引起一个期前收缩。期前收缩的兴奋过程也有有效不应期,如果这时静脉窦传来正常的节律性兴奋,则心室不发生反应,须待静脉窦传来下次兴奋才能发生反应。所以在期前收缩以后会出现一个较长时间的心室停搏,即代偿间歇。

【实验对象】

蟾蜍。

【实验器材】

生物信号采集仪一套、蛙类手术器械、铁架台、机-电换能器、蛙心夹、林格液。

【实验内容和方法】

1. **标本制备**　损毁蟾蜍脑和脊髓,将其仰卧位固定在蛙板上,用镊子提起胸骨后端腹部的皮肤,用粗剪刀剪一小口,然后由切口将剪刀伸入皮下,向左、右两侧锁骨外侧方向剪开皮肤,并向头端掀开皮肤。用镊子提起胸骨后端腹肌,在腹肌上剪一小口,将手术剪伸入胸腔内,紧贴胸壁(以免损伤下面的心脏和血管),沿皮肤切口方向剪开肌肉,再用粗剪刀剪断左、右鸟喙骨和锁骨,使创口呈一个倒三角形。用眼科镊提起心包膜,并用眼科剪将心包膜剪开,暴露心脏。用蛙心夹于心室舒张期夹住心尖,将系于蛙心夹的丝线与机-电换能器连接,调节机-电换能器高度,使连线与换能器平面保持垂直,松紧适中。

2. **仪器装置及程序设置**

(1) 如图2-8-4所示连接仪器。其中,刺激电极与生物信号采集仪的 Output 1 相连。

(2) 电刺激输出的设置:实验中如要对标本进行刺激,应先用鼠标左键单击"开始"按钮,程

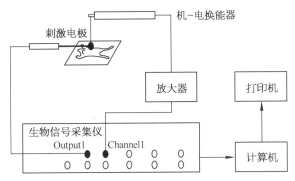

图 2 - 8 - 4　期前收缩和代偿间歇实验框图

序开始采样记录,然后单击"刺激面板"按钮,即可产生刺激输出,让第二通道显示刺激方波。

(3) 刺激电极用胶泥固定在蛙板上,并使刺激电极和心室肌紧密接触。

【观察项目】

(1) 记录正常心肌收缩曲线:适当调节"Channel 1"(通道 1)的"Range"和基线位置,得到满意的心肌收缩曲线,注意观察其中哪一部分代表心室收缩,哪一部分代表心室舒张。

(2) 在心室收缩期,用鼠标左键单击"刺激"按钮,观察心肌收缩有无改变。

(3) 在心室舒张期(舒张早期、中期和晚期),用鼠标左键单击"刺激"按钮,注意观察能否引出期前收缩,期前收缩后心室收缩发生什么改变。

(4) 打印上述实验结果。

【注意事项】

(1) 把心脏悬挂在换能器上的丝线应松紧适中,不要过长,并和换能器平面保持垂直。

(2) 在对心脏进行电刺激前,可先刺激腹部肌肉,以检查电刺激是否有效。

(3) 经常在蟾蜍心脏上滴加林格液,使心脏保持湿润。

【想一想】

在什么条件下才能出现期前收缩和代偿间歇? 期前收缩后是否都有代偿间歇?

任务三　蛙心灌流

【实验的目】

(1) 学习离体蛙心灌流法。

(2) 观察内环境理化因素的相对恒定对维持心脏正常节律性活动的重要作用。

(3) 对递质、受体阻断剂的概念有初步的感性认识。

【实验原理】

离体蛙心在林格液灌流的情况下可以较持久地维持其生理特性。人为地改变林格液中的离子成分,或者加入某些化学物质(受体的激动剂或阻断剂)能使心脏的生理特性发生改变。

【实验对象】

蟾蜍。

【实验器材】

生物信号采集系统、蛙类手术器械、玻璃蛙心插管、铁支架、张力换能器、蛙心夹、林格液、0.65%NaCl溶液、3%CaCl$_2$溶液、1∶10 000肾上腺素溶液、1∶10 000乙酰胆碱溶液、3%乳酸溶液、2.5%NaHCO$_3$溶液。

【实验内容和方法】

(1) 暴露心脏:损毁蟾蜍脑和脊髓,将其仰卧位固定在蛙板上,用镊子提起胸骨后端腹部的皮肤,用粗剪刀剪一小口,然后由切口将剪刀伸入皮下,向左右两侧锁骨外侧方向剪开皮肤,并向头端掀开皮肤。用镊子提起胸骨后端腹肌,在腹肌上剪一小口,将手术剪伸入胸腔内,紧贴胸壁(以免损伤下面的心脏和血管),沿皮肤切口方向剪开肌肉,再用粗剪刀剪断左右鸟喙骨和锁骨,使创口呈一个倒三角形。用眼科镊提起心包膜,并用眼科剪将心包膜剪开,暴露心脏。

(2) 观察心脏的解剖:在腹面可以看到一个心室,其上方有两个心房。心室右上角连着一个动脉干,动脉干根部膨大称为动脉圆锥,也称主动脉球。动脉向上分成左、右两支,用玻璃分针从动脉干背面穿过,将心脏翻向头侧。在心脏背面两心房下端可看到颜色较紫红的膨大部分,为静脉窦。静脉窦是两栖类动物心脏的起搏部位,它与下腔静脉相连。静脉窦与心房的交界处称窦房沟,而心房与心室的交界处称房室沟(图2-8-5)。

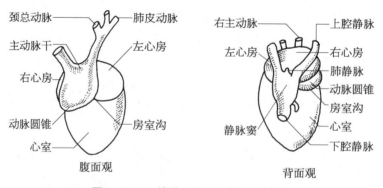

图2-8-5　蟾蜍心腹面和背面解剖图

(3) 心脏插管:用蛙心夹于心舒张期夹住心尖,手提蛙心夹上连线将心脏轻轻提起,看清结构,准备插管。在主动脉下穿一丝线,打一松结,用眼科剪在左主动脉上向心脏方向剪一小斜口,切口的深度小于管壁直径的1/2,以免插管时血管撕断。把装有林格液的蛙心插管插入左主动脉,插至主动脉球后稍稍后退,在心室收缩时将插管沿主动脉球后壁向心室中央方向插入,经主动脉瓣插入心室腔内(图2-8-6左)。当插管内的液面随心搏上下移动时,说明插管已插入心室腔内。将预先打好的松结扎紧,并将线固定在插管壁上的玻璃小钩上,使结扎牢固。用滴管吸去插管中的液体,更换新鲜的林格液,小心提起插管和心脏,剪断左右侧动脉分支和腔静脉等(注意勿损伤静脉窦及两心房),将心脏摘出。用林格液反复冲洗插管直至插管内林格液完全澄清为止。

(4) 固定支架:把蛙心插管固定在铁支架上,蛙心夹上的连线和张力换能器相接。张力换能器头端略向下倾斜,以免药液滴入换能器内造成损坏。连线应和水平面保持垂直,松紧适当(图2-8-6右)。

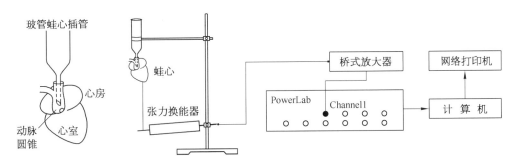

图2-8-6 蛙心插管示意图和仪器连接框图

(5) 仪器连接:参见图2-8-6右。

【观察项目】

(1) 记录正常心脏搏动曲线:适当调节计算机显示通道的量程范围和基线位置,得到满意的心脏搏动曲线,注意观察其中哪一部分代表心室收缩,哪一部分代表心室舒张。

(2) 将插管内林格液全部吸出,换0.65%氯化钠溶液,记录心搏曲线,当曲线出现变化后立即以新鲜林格液换洗2~3次,使曲线恢复正常。加药和换液时需在加注窗口中写入适当的注解。

(3) 在林格液中加入3%CaCl$_2$溶液1~2滴,观察和换液同前。

(4) 在林格液中加入1%KCl溶液1~2滴,观察和换液同前。

(5) 在林格液中加入1:10 000肾上腺素溶液1~2滴,观察和换液同前。

(6) 在林格液中加入1:10 000乙酰胆碱溶液1~2滴,观察和换液同前。

(7) 在林格液中加入3%乳酸溶液1~2滴,观察和记录心搏变化,然后加入2.5% NaHCO$_3$溶液1~2滴,观察其恢复过程,然后换液。

(8) 改变插管内液面的高度,观察和记录同前。

(9) 待各项实验步骤完成后,停止记录。选取各实验步骤的波形,测量和读取各项实验步骤中心脏的收缩力和频率。

(10) 打印上述粘贴的实验结果。

【注意事项】

(1) 心室插管时不可硬插,以免戳穿心壁,而应顺着主动脉走向并在心室收缩时插入。

（2）摘出心脏时,尽量多留些组织,以免损伤静脉窦。

（3）每个观察项目前后都应用林格液进行对照记录。

（4）各种药液滴管要专用,不可混淆。每次加液的量不可过多,以刚能引起效应为度。

（5）每次加药后最好用洗净的细玻棒搅动几下,以免药液浮在上层,不易进入心脏。

（6）除最后一项外,每个项目观察时插管内的液面高度需保持一致。

【想一想】

（1）实验过程中插管内的灌流液面为什么每次都应保持在相同高度?

（2）KCl 和 CaCl$_2$ 都可能造成心脏停搏,这两种溶液对心脏的作用有什么不同?

实验九

动、静脉和淋巴系统的结构和功能

任务一　认识人体主要动、静脉和淋巴系统的解剖结构

【实验目的】

(1) 掌握主动脉的起止、位置、分部及各部发出的分支;头颈、上肢、胸部、腹部、盆部和下肢动脉主干的名称、起始部位、行程及其主要分支与分布。

(2) 掌握上腔静脉的组成、起止,主要属支的名称、位置及收集范围;下腔静脉的组成、起止,主要属支的名称、位置及收集范围;肝门静脉的组成、主要属支及收集范围。

(3) 掌握淋巴系统的组成、各部的结构和分布特点;9条淋巴干的名称和大体位置;胸导管的起始、走行和终止部位;右淋巴导管的位置。

【实验器材】

(1) 胸腔解剖标本和模型及心脏模型。

(2) 躯干后壁的动脉、静脉标本及模型。

(3) 头颈动脉、静脉标本及模型。

(4) 上肢动脉、静脉标本和模型。

(5) 胸腹部动脉、静脉标本和模型。

(6) 男、女性盆部(矢状切开)及下肢动脉、静脉标本、模型。

(7) 肝门静脉标本和模型。

(8) 全身淋巴管和淋巴结模型一套。

(9) 全身淋巴管和淋巴结灌注的标本。

(10) 胸腔器官的淋巴管和淋巴结标本。

(11) 腹腔器官的淋巴管和淋巴结标本。

(12) 腹股沟浅淋巴管和浅淋巴结标本。

【实验内容和方法】

1. 人体的动脉(图2-9-1)

(1) 肺动脉:取离体心模型,对照胸腔解剖标本观察。肺动脉为一短而粗的血管干,起始于

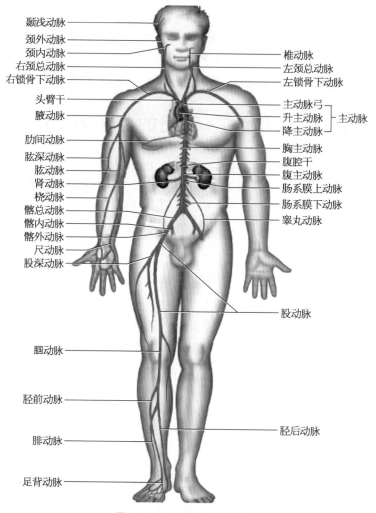

颞浅动脉
颈外动脉
颈内动脉
右颈总动脉
右锁骨下动脉
头臂干
腋动脉
肋间动脉
肱深动脉
肱动脉
肾动脉
桡动脉
髂总动脉
髂内动脉
髂外动脉
尺动脉
股深动脉

椎动脉
左颈总动脉
左锁骨下动脉
主动脉弓
升主动脉   主动脉
降主动脉
胸主动脉
腹腔干
腹主动脉
肠系膜上动脉
肠系膜下动脉
睾丸动脉

股动脉

腘动脉

胫前动脉

腓动脉

胫后动脉

足背动脉

图 2-9-1 全身主要动脉

右心室,向左上方走行,至主动脉弓下方分为2支,即左、右肺动脉,观察它们的行径,寻认动脉韧带。

(2)主动脉:结合离体心标本及胸腔解剖标本,观察躯干后壁动脉标本。主动脉为最粗大的动脉干,它由左心室发出后,斜向右上方,继而向左后方弯曲,沿脊柱下降,至第4腰椎体下缘水平分为左、右髂总动脉。

1)头颈部的动脉:头颈部的动脉主干是颈总动脉。注意观察左、右颈总动脉起点的差别,可见颈总动脉经胸锁关节后方,沿气管和食管两侧上升,至甲状软骨上缘分成两终支,即颈内动脉和颈外动脉。观察左、右颈外动脉分支及甲状腺上动脉、舌动脉、面动脉、颞浅动脉、上颌动脉的行程及分布。颈外动脉还发出枕动脉和耳后动脉,向后上行走,分布到枕顶部和耳后部;咽升动脉,沿咽侧壁上升至颅底,分布至咽、颅底等处。注意同侧颈外动脉分支之间、同侧与对侧颈外动脉分支之间亦有丰富的动脉吻合。颈外动脉与颈内动脉、锁骨下动脉的许多分支之间亦有比较丰富的吻合。当一侧颈外动脉或其分支结扎后,可通过上述吻合建立比较充分的侧支循环。

2)锁骨下动脉及上肢的动脉:结合胸腔解剖标本和上肢血管标本,注意观察左、右锁骨下动脉起始的差别。锁骨下动脉起始后斜向上行,经胸膜顶前方,向外穿斜角肌间隙至第1肋外侧缘,移行为腋动脉。腋动脉行于腋窝深部,至大圆肌下缘移行为肱动脉。

锁骨下动脉的主要分支有:椎动脉、胸廓内动脉、甲状颈干。

腋动脉主要分支有:胸肩峰动脉、胸外侧动脉、肩胛下动脉、旋肱前动脉、旋肱后动脉。

肱动脉:在大体标本上注意观察肱动脉沿肱二头肌内侧下行至肘窝,平桡骨颈高度,分为桡动脉和尺动脉。肱动脉位置表浅,在活体能触及其搏动,当前臂和手部出血时,可在臂中部将该动脉压向肱骨以暂时止血。在大体标本前臂的深层肌表面辨认桡动脉、尺动脉及其分支。在手掌注意观察掌浅弓和掌深弓位置、组成。

3) 胸部的动脉:胸部的动脉主干为胸主动脉。取躯干后壁动脉标本,观察胸主动脉壁支在肋间隙内的走行概况。

4) 腹部的动脉:腹部的动脉主干为腹主动脉。动脉标本观察,可见腹主动脉壁支主要为1对膈下动脉(分布于膈和肾上腺)和4对腰动脉。腹主动脉的脏支有肾动脉、肾上腺中动脉、睾丸动脉(女性为卵巢动脉)和腹腔干、肠系膜上动脉、肠系膜下动脉等。

在主动脉裂孔的稍下方,自腹主动脉前臂发出的一条短而粗的血管为腹腔干,它立即分为3支,即胃左动脉、肝总动脉和脾动脉。在腹腔干的稍下方,起自腹主动脉前壁的动脉即肠系膜上动脉,它向下经胰头和十二指肠水平部之间。肠系膜下动脉约在第3腰椎水平起自腹主动脉的前壁向左下方走行。

5) 盆部及下肢的动脉:观察盆部及下肢动脉标本,可见在骶髂关节的前方,髂总动脉分为2支,下降入骨盆的1支为髂内动脉,沿腰大肌内侧缘下行的为髂外动脉。

髂总动脉的分支包括脏支和壁支两类。壁支包括闭孔动脉、臀上动脉、臀下动脉、髂腰动脉、骶外侧动脉。闭孔动脉在穿闭膜管之前还发出耻骨支,在股环附近,可与腹壁下动脉的分支吻合,形成异常闭孔动脉,在股疝手术时应注意。脏支包括脐动脉、膀胱下动脉、直肠下动脉、子宫动脉、阴部内动脉等。注意观察子宫动脉与输尿管的关系:子宫动脉沿盆侧壁向内下方走行,进入子宫阔韧带两层之间,跨输尿管的前上方,接近子宫颈处发出阴道支,其主干沿子宫侧缘迂曲上行至子宫底,分支营养子宫、输卵管和卵巢。

髂外动脉沿腰大肌内侧缘下行,经腹股沟韧带中点稍内侧的后方入股部,移行为股动脉。髂外动脉的主要分支为腹壁下动脉,该动脉在腹股沟韧带上方发自髂外动脉,向内上分布于腹直肌。股动脉在股三角内下行,至股三角下方穿收肌管和收肌腱裂孔转向背侧,入腘窝,改名为腘动脉,在腘窝下部,腘动脉分为胫前动脉与胫后动脉,下降入小腿。

结合教材内容对照图谱、模型、尸体标本,观察各部动脉的起止、位置、分部及各部发出的分支。尸体、活体对照体会各部动脉的体表投影。

2. 人体的静脉

(1) 肺静脉:观察胸腔解剖标本和离体心标本。每侧肺有两条肺静脉,离开肺门后,横行向内,注入左心房。

(2) 头颈部的静脉:取头颈部标本观察静脉,可见颈部两条主干,即颈内静脉与颈外静脉(图2-9-2)。

1) 颈内静脉:起自颅底的颈静脉孔,最初伴行颈内动脉,继而伴颈总动脉下行,至胸锁关节后方,与锁骨下静脉汇合形成头臂静脉,观察两静脉汇合处所形成的静脉角。颈内静脉的属支

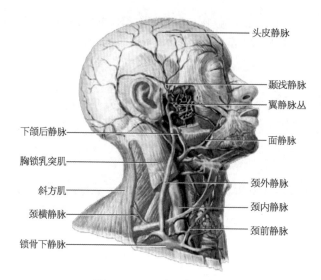

图 2-9-2　头颈部的静脉

包括颅内支及颅外支,此次仅观察颅外支中的面静脉、下颌后静脉、咽静脉、舌静脉和甲状腺上、中静脉等。①面静脉:起自内眦静脉,在面动脉的后方下行。在下颌角下方跨过颈内、外动脉表面,下行至舌骨大角处注入颈内静脉。②下颌后静脉:由颞浅静脉与上颌静脉在腮腺内汇合而成,下行达腮腺下端,分为前、后两支。前支向前下方汇合面静脉;后支与耳后静脉及枕静脉合成颈外静脉。颞浅静脉和上颌静脉均收纳同名动脉分布区的静脉血。

2)颈外静脉:沿胸锁乳突肌表面下降,注入锁骨下静脉。

(3)上肢的静脉(图 2-9-3)

1)上肢的深静脉:上肢的深静脉与同名动脉伴行,最后合成腋静脉。腋静脉在第 1 肋骨外侧缘延续为锁骨下静脉。锁骨下静脉与锁骨下动脉伴行。

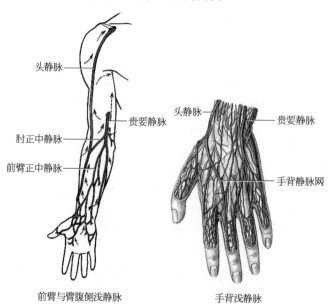

图 2-9-3　上肢浅静脉

2) 上肢的浅静脉:有两条主干,即桡侧的头静脉和尺侧的贵要静脉,两静脉在肘窝处借正中静脉相连。①头静脉:起于手背静脉网的桡侧,逐渐转至前臂屈侧,初沿前臂桡侧皮下,经肘部,继而沿肱二头肌外侧上行,过三角肌胸大肌间沟,穿深筋膜,注入腋静脉。收纳手和前臂桡侧掌面和背面的浅静脉的血液。②贵要静脉:起于手背静脉网的尺侧,逐渐转至前臂的屈侧,沿着前臂尺侧皮下,经肘窝继续沿肱二头肌内侧上行,至上臂中点稍下方,穿深筋膜汇入肱静脉,或伴随肱静脉向上注入腋静脉。收集手和前臂尺侧的浅静脉的血液。③肘正中静脉:粗而短,变异甚多,斜行于肘窝皮下,常连接贵要静脉和头静脉。临床上常通过肘部浅静脉进行药物注射、输血或采血。

(4) 胸部的静脉(图2-9-4):在已打开的上纵隔内确认与右心房相连的上腔静脉,寻找上腔静脉至心房后壁的奇静脉,观察奇静脉的各级属支,确定其收集静脉血的范围。观察躯干后壁的静脉标本,可见奇静脉沿胸椎体右侧上行至第4胸椎处弯曲向前方,注入上腔静脉。

上腔静脉为上腔静脉系的主干,是一条粗短的静脉,由左、右头臂静脉合成,位于升主动脉的右侧,注入右心房。在胸锁关节后方,左、右颈内静脉与左、右锁骨下静脉分别汇合成左、右头臂静脉,汇合处为静脉角,颈内静脉的属支与颈外动脉的分支同名且伴行。

(5) 盆部与下肢的静脉:盆部与下肢的静脉主干是髂总静脉。髂总静脉与同名动脉伴行,在骶髂关节的前方由同侧的髂内静脉及髂外静脉汇合而成。

观察躯干后壁的静脉标本,可见两侧总静脉约在第5腰椎高度合成下腔静脉。下腔静脉为下腔静脉系的主干,是全身最粗大的静脉,位于腹主动脉的右侧。收集盆部回流血液的主干是髂内静脉,髂内静脉与髂内动脉伴行(图2-9-5)。

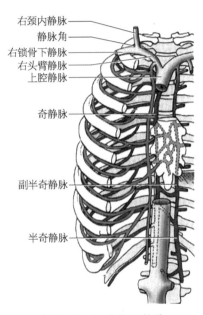

图2-9-4 胸部的静脉

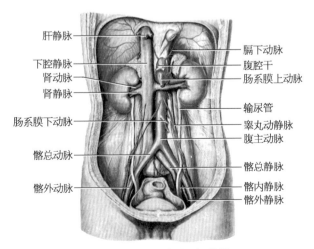

图2-9-5 腹部的动、静脉

下肢的深静脉均与同名动脉相伴,最后汇入股静脉。下肢的浅静脉有两条主干,即大隐静脉和小隐静脉。大隐静脉沿途收集小腿和大腿内侧浅静脉外,在穿入隐静脉裂孔前还接纳以下5条浅静脉,即股内侧浅静脉、股外侧浅静脉、阴部外静脉、腹壁浅静脉和旋髂浅静脉。大隐静脉在内踝前上方处,位置表浅,临床常在此做静脉穿刺或切开(图2-9-6)。

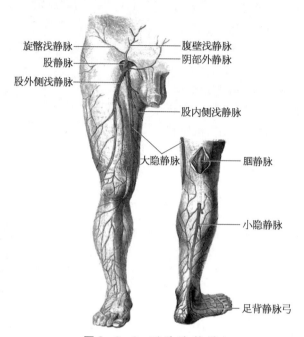

图2-9-6 下肢浅静脉

(6)腹部的静脉:腹部的静脉有直接注入下腔静脉的肾静脉、睾丸静脉(女性为卵巢静脉)和肝静脉等。肝门静脉由肠系膜上静脉与脾静脉在胰头、体交界处后方汇合而成,斜向右上方行走,进入肝十二指肠韧带,经肝固有动脉和胆总管之间的后方,至肝门,分左、右支入肝,出肝后注入下腔静脉。注意观察肝门静脉的主要属支:肠系膜上静脉、脾静脉、肠系膜下静脉、胃左静脉、胃右静脉、胆囊静脉、附脐静脉。肠系膜上静脉和肠系膜下静脉均与同名动脉伴行。

3. 人体的淋巴管和淋巴器官

(1)淋巴管道:淋巴管道包括毛细淋巴管、淋巴管、淋巴干和淋巴导管(图2-9-7)。

1)淋巴管由毛细淋巴管汇集而成,位于全身皮下和深部动、静脉周围,可分为浅淋巴管和深淋巴管,此种标本只能在小儿灌注标本和牛心的淋巴灌注标本中观察到。

2)淋巴干全身共有9条,它们位于每一个重要局部,都是由淋巴管汇集而成。易于观察到的部位是乳糜池的左、右腰干和肠干;右淋巴导管注入右静脉角处的右颈干、右锁骨下干和右支气管纵隔干以及胸导管注入左静脉角处的左颈干、左锁骨下干和左支气管纵隔干。

3)右淋巴导管和胸导管:①右淋巴导管:短,约1.5 cm长,此淋巴导管可以不是由3条淋巴干组成,也可以是2条,甚至是3条淋巴干分别注入锁骨下静脉、静脉角等部位。②胸导管是全身最长、最粗大的淋巴导管,收纳约全身3/4的淋巴回流。常在第1腰椎体前方由左、右腰干和肠干汇入形成囊状膨大的乳糜池,然后向上经过膈主动脉裂孔入胸腔,注入左静脉角,

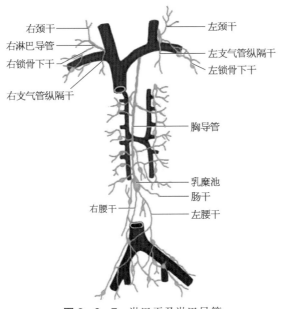

图 2-9-7 淋巴干及淋巴导管

注入处观察左颈干、左支气管纵隔干和左锁骨下干。

(2) 淋巴器官:淋巴结的形态大小差别很大,但一般都有1个凸缘和1个凹缘,凸缘是输入淋巴管的进入处;而凹缘则是输出淋巴管的离开处,同时也是血管神经进入处,故凹缘称为淋巴结门。

(3) 头颈部的淋巴管和淋巴结(图 2-9-8)

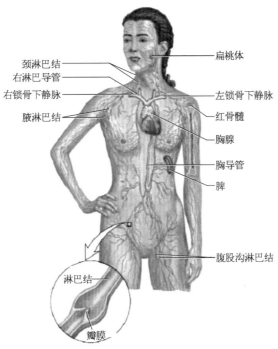

图 2-9-8 淋巴器官及淋巴管道

1）头部的淋巴结：主要有枕淋巴结、乳突淋巴结、腮腺淋巴结、下颌下淋巴结和颏下淋巴结。

2）颈部的淋巴结：分为颈前淋巴结和颈外侧淋巴结两组。颈外侧淋巴结又分为颈外侧淋巴结（颈外静脉周围）和颈外深淋巴结，后者主要分布在颈内静脉周围，重点掌握和观察咽后淋巴结和锁骨上淋巴结。

（4）上肢的淋巴导管和淋巴结

1）肘淋巴结：位于肱骨内上髁上方。

2）腋淋巴结：位于腋窝内，可分为5群，包括外侧淋巴结、胸肌淋巴结、肩胛下淋巴结、中央淋巴结和腋尖淋巴结。

（5）胸部的淋巴管和淋巴结：包括胸壁的淋巴结和胸腔器官的淋巴结两种。

1）胸壁的淋巴结包括胸骨旁淋巴结、肋间淋巴结和膈上淋巴结等。

2）胸腔器官的淋巴结包括纵隔前淋巴结、纵隔后淋巴结、肺门淋巴结、气管支气管淋巴结、气管旁淋巴结。

（6）腹部的淋巴管和淋巴结：包括腹壁的淋巴结和腹腔脏器的淋巴结。

1）腹壁的淋巴管和淋巴结：脐平面以上腹前壁的淋巴管一般注入腋淋巴结，脐平面以下腹前壁的淋巴管一般注入腹股沟浅淋巴结；腹后壁的淋巴结主要是腰淋巴结，此群淋巴结数量多，淋巴结大，分布在腹主动脉和下腔静脉周围。

2）腹腔器官的淋巴结：主要有腹腔淋巴结、肠系膜上淋巴结和肠系膜下淋巴结。

（7）盆部的淋巴管和淋巴结：盆部的淋巴管和淋巴结分为4群，包括左右对称的髂总淋巴结、髂内淋巴结、髂外淋巴结和单一的骶淋巴结。

（8）下肢的淋巴管和淋巴结：下肢的淋巴管和淋巴结主要有腹股沟浅淋巴结（两群，即腹股沟浅淋巴结上群，位于腹股沟韧带下方；腹股沟浅淋巴结下群，位于大隐静脉末端周围）和腹股沟深淋巴结（位于股动、静脉根部周围）。

【想一想】

想一想主动脉主要的分支及其分布位置。

任务二　压迫动脉止血实验（视频、示教和实验）

【实验目的】

学会体表浅动脉压迫止血的部位和方法。

【实验器材】

人体动脉模型、学生相互实验。

【实验内容和方法】

指压止血术是指运用手指或手掌压迫伤口近心端的动脉干，以迅速制止出血，达到临床止血的目的,适用于体表能摸到搏动的动脉。

1. 头颈部压迫止血

(1)颞浅动脉

1)解剖要点:分布于颞部和颅顶部软组织。搏动点在耳屏前方,颧弓根部。

2)止血方法:可用示指或拇指,在颞下颌关节稍上方,将该动脉搏动处压向深部的颞骨上。

3)止血区域:一侧颞、头顶部。

(2)面动脉

1)解剖要点:分布于咽、腭扁桃体、下颌下腺和面部软组织。搏动点在下颌缘处。

2)止血方法:可用示指或拇指,在下颌骨下缘与咬肌前缘交界处,将该动脉压向下颌骨下缘。

3)止血区域:眼裂以下至下颌骨下缘的面部。

(3)颈总动脉

1)解剖要点:分布于胸锁乳突肌深面,到甲状软骨上缘平面分为颈内和颈外动脉。搏动点在胸锁乳突肌中段的前缘。

2)止血方法:颈总动脉在胸锁乳突肌前缘中点处,将该动脉压向第6颈椎横突。

3)止血区域:一侧头面部(该动脉分支颈内动脉分布到脑,严禁两侧同时或长时间压迫)。

2. 上肢动脉指压止血术

(1)肱动脉

1)解剖要点:分布于上肢。搏动点在肱二头肌内侧沟。

2)止血方法:肱动脉全长在肱二头肌内侧均可摸到,其后外侧为肱骨。将肱动脉向内压向肱骨可达到止血目的。

3)止血区域:前臂及手。

(2)桡、尺动脉

1)解剖要点:分布于前臂、手部,并参与掌浅、深弓形成。搏动点在腕横纹上方。

2)止血方法:将桡动脉、尺动脉分别压向桡骨、尺骨。

3)止血区域:手部。

(3)指掌侧固有动脉

1)解剖要点:该动脉在掌指关节附近,分别到第2~5指的相对缘,沿指掌侧腱鞘两侧行到指末端。

2)止血方法:将手指两侧动脉压向近节指骨。

3)止血区域:手指。

3. 下肢动脉指压止血

(1)股动脉

1)解剖要点:分布于下肢。搏动点在腹股沟韧带中点下方。

2)止血方法:股动脉用双手或止血带加垫,用力将该动脉在腹股沟韧带下方,动脉搏动处压向深面即可。

3)止血区域:下肢。

（2）胫后动脉

1）解剖要点：分布于小腿后肌群、腓骨和附近肌肉及足底肌。搏动点在内踝和足跟之间。

2）止血方法：将该动脉搏动点压向跟骨。

3）止血区域：足底。

（3）足背动脉

1）解剖要点：分布于足背、足底。搏动点在内外踝连线中点处，深面为距骨和足舟骨。

2）止血方法：内外踝连线中点，将该动脉压向深部的距骨和足舟骨。

3）止血区域：足背。

【想一想】

你能说出几种压迫表浅动脉的方式来达到临床止血的目的？

任务三　影响动脉血压的因素

【实验的目】

学习哺乳类动物急性实验的常规操作（动物麻醉、手术前固定、手术器械的正确使用、血管与神经的分离、动脉插管、气管插管等技术），掌握动脉血压的直接测量法。观察某些重要的神经、体液因素对动脉血压的作用。

【实验原理】

正常情况下，机体的动脉血压保持相对恒定。这种恒定是通过神经体液调节实现的。神经调节主要是心血管反射，其中最重要的是颈动脉窦和主动脉弓压力感受性反射。体液调节最主要的是儿茶酚胺类激素（如肾上腺素和去甲肾上腺素）。

【实验对象】

家兔。

【实验器材】

哺乳动物手术器械、生物信号采集系统、呼吸换能器、血压换能器、生物电放大器、兔板、注射器、手术照明灯、纱布、动脉夹、动脉插管、气管插管、刺激保护电极、1%戊巴比妥钠、生理盐水、1 250 U/ml肝素、1∶100 000去甲肾上腺素等。

【实验内容与方法】

（1）动物准备

1）家兔捉持、称重和麻醉：家兔的捉持和称重方法参见第二章中的"动物的捉持和称重"。将1%戊巴比妥钠溶液以每公斤体重3 ml，从远离耳根部位的耳缘静脉中缓慢注射，麻醉家兔。注射时密切观察动物的呼吸、心跳、肌张力、角膜反射等，以防麻醉过深而死亡。麻醉后，家兔仰卧于兔板上,四肢和门牙用绳子固定。注意颈部必须放正拉直,以利于手术。

2) 颈部剪毛、手术以及分离颈总动脉、神经和气管:剪去颈部手术野的兔毛,剪下的兔毛应及时放入盛水的杯中浸湿,以免兔毛到处飞扬。在甲状软骨下缘沿正中线用手术刀切开皮肤,切口5～7 cm。用止血钳逐层分离皮下组织和肌肉,暴露气管。在气管两侧深层,找到颈总动脉鞘内的颈总动脉,颈总动脉鞘内还有3根神经,最粗的是迷走神经,其次是交感神经,减压神经最细。在打开颈总动脉鞘前先仔细分辨这3根神经。用玻璃分针游离3根神经及颈总动脉,用不同颜色的丝线穿线备用。每条神经和颈总动脉分离2～3 cm。注意不要过度牵拉和钳夹神经,以免神经受损。右侧颈总动脉分离约5 cm,下穿两根线,分别作为结扎和固定动脉插管用。分离气管,在气管下穿线备用。

3) 气管插管:在气管靠近头端用剪刀剪一倒"T"字形的切口,插入气管插管,用线固定,以保证家兔呼吸通畅。

4) 动脉插管:插管前检查插管的开口处是否光滑,以防插入后戳破血管。在插管内灌注生理盐水,再注入1 ml左右1 250 U/ml的肝素溶液,以防凝血。排净管内气泡。将右颈总动脉的远心端结扎(注意分支的甲状腺动脉,可两端结扎后剪断)。用动脉夹夹住颈总动脉的近心端,在结扎处和动脉夹之间,距离应3 cm左右,便于插管。用锋利的眼科剪在靠近远心端结扎处向下作一斜形切口,约为管径的一半。然后将动脉插管向心脏方向插入颈总动脉,用已穿好的丝线结扎,并缚紧固定于插管的侧管上。保持插管和动脉的方向一致,防止血管壁被插管刺破。打开动脉夹,即可见血液冲入动脉插管中。打开橡胶管夹,血液的动脉压作用于血压换能器,即可记录血压的波动。

5) 心电图电极放置:在家兔的右上肢、左右下肢上插入针式电极,分别与生物电放大器的负极、正极和接地极相连,引导家兔的心电图。

(2) 仪器准备

1) 按照图2－9－9连接仪器。

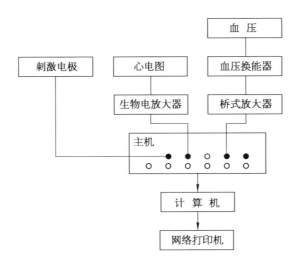

图2-9-9　影响动脉血压因素实验仪器连接图

2) 启动计算机,进入生物信号采集应用程序窗口。

3) 设置信号显示通道依次为心电图、瞬时心率、动脉血压、刺激波。

【观察项目】

(1) 观察并同时记录正常动脉血压、心电图和心率。在动脉血压波动中辨认心搏波(Ⅰ级波)和呼吸波(Ⅱ级波)。

(2) 用动脉夹夹闭左侧颈总动脉5~10 s,然后松开动脉夹。记录夹闭和放松颈总动脉前后的动脉血压、心电图和心率。在夹闭和松开颈总动脉时要即时加上标注。每个实验步骤中都要加上适当的标注,以利于实验结束后数据的统计和分析。

(3) 用刺激保护电极勾在左侧减压神经上,对减压神经进行刺激,观察和记录刺激前后各通道的波形变化。

(4) 由耳缘静脉注射1∶100 000 去甲肾上腺素1~2 ml,再观察和记录刺激前后各通道的波形变化。

(5) 结扎左侧迷走神经,在靠近中枢端剪断,用刺激保护电极刺激迷走神经的外周端(近心端),观察和记录刺激前后各通道的波形变化;再结扎右侧迷走神经,在靠近中枢端剪断,用刺激保护电极刺激迷走神经的外周端(近心端),观察和记录刺激前后各通道的波形变化。

(6) 打印实验结果。

【注意事项】

(1) 麻醉要适量。过浅,兔子会挣扎;过深,则反射不灵敏,且容易引起家兔死亡。

(2) 动脉插管与动脉方向保持一致,既可使血液压力顺利传送到血压换能器,又可防止插管刺破血管。

(3) 观察完每一项实验后,必须等到血压基本恢复正常时,再进行下一个实验项目。

(4) 分离神经要用玻璃分针,不能牵拉神经使神经受损。

(5) 经常用生理盐水湿润神经,以免影响刺激效果。

【想一想】

(1) 由耳缘静脉注射1∶10 000 去甲肾上腺素0.1~0.2 ml,分析动脉血压和心率的变化。

(2) 结扎、剪断迷走神经以及电刺激迷走神经外周端,分析动脉血压和心率改变的机制。

实验十

感 觉 器 官

任务一　感觉器官的结构

【实验目的】

通过对标本、模型的观察,掌握感觉器的组成,视器、前庭蜗器的重要结构。

【实验器材】

(1) 眼肌的模型与标本。

(2) 眼球模型。

(3) 前庭蜗器模型与标本。

(4) 内耳模型。

(5) 中耳模型,听小骨标本或模型。

(6) 多媒体设备,感觉器官的图片和视频。

【实验内容和方法】

(1) 眼球模型、标本观察(图2-10-1):眼球壁(外、中、内膜);角膜、巩膜、虹膜、瞳孔、睫状体、脉络膜、视网膜;视神经盘、黄斑(中央凹)。内容物:晶状体、玻璃体、房水(存在的位置)。

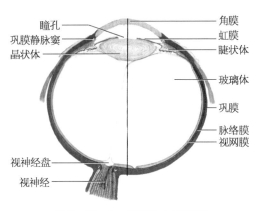

图2-10-1　眼球的水平切面

（2）观察牛眼或猪眼。

（3）耳模型、标本观察

1）外耳：耳轮、耳垂、外耳门、外耳道、鼓膜。

2）中耳：鼓室、乳突小房、咽鼓管。

鼓室：上壁为颅中窝的一部分；下壁与颈内静脉毗邻；前壁通咽鼓管；后壁上方通过乳突窦和乳突小房相通；内侧壁即为内耳的外侧壁，有前庭窗和窝窗；外侧壁为外耳的鼓膜。

鼓室的内容物：听小骨链。

3）内耳（图2-10-2）：

骨迷路：耳蜗、前庭、骨半规管、壶腹。

膜迷路：蜗管、椭圆囊、球囊、膜半规管。

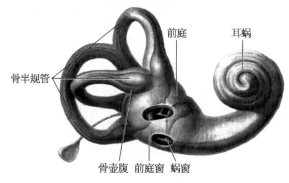

图2-10-2　骨迷路（右侧）

【想一想】

人的视器和前庭蜗器有哪些重要结构？

任务二　人体眼球震颤的观察

【实验目的】

学会观察人体旋转后眼球震颤的方法，并了解出现眼球震颤的原因。

【实验原理】

内耳的前庭器官——椭圆囊、球囊和半规管是参与调节姿势反射的感受器，它们可以感受头部和身体位置及运动情况。通过前庭迷路反射，反射性调节机体各部肌肉的肌紧张，从而使机体保持姿势平衡。一旦迷路功能消失就可使肌紧张协调发生障碍，失去在静止和运动时的正常姿势，引起眼外肌肌紧张障碍，即出现病理性眼震颤。

生理性（前庭性）眼震颤（简称眼震）是在正常人躯体或头部进行旋转运动时表现的眼球的特殊运动。其主要由三个半规管发出的神经冲动引起。眼震颤方向与哪个方向的半规管受刺激有关。如水平半规管受到刺激,则表现出水平方向的眼震,其有慢动相和快动相之别。慢动相是两侧眼球缓慢向某侧移动的过程,而快动相则是当两侧眼球移动到两眼裂某侧端而不能再移动时,又突然返回到眼裂正中的过程。

病理性眼震可由多种原因引起,如前庭系统功能障碍、小脑和脑干病变等。

【实验内容和方法】

(1) 受试者坐在旋转椅上,闭目,头前倾 30°(此种头位可使水平半规管与旋转轴垂直,水平半规管内淋巴液因旋转而流动可对壶腹嵴的毛细胞形成刺激)。受试者也可取立位,但头部仍需前倾 30°。

(2) 主试者以每秒 1 周的速度逆时针均匀地旋转座椅 10 周,然后突然停止旋转。也可以受试者以同样的速度原地自转,同样周数后立即停止转动。

(3) 受试者立即睁开双眼注视远处物体,但仍能保持头部位置不变。主试者观察眼震方向和持续时间,注意眼震的快动相与慢动相。

(4) 询问受试者的主观感觉。

(5) 休息 10 min 后顺时针方向同法旋转和观察眼球震颤。

【想一想】

描述一下你刚才看到的眼球震颤现象,讲出哪些情况可能会出现眼球震颤?

任务三　人体盲点的测定

【实验目的】

本实验的目的是证明盲点的存在及测定其大小。

【实验原理】

视神经自视网膜穿出的部位缺乏感光细胞,外来的光线成像于此处不能引起视觉。因此,将视神经穿出视网膜的部位称作盲点。我们可以根据物体成像的规律,从盲点的投射区域,推算出盲点所在的位置和范围。

【实验对象】

人。

【实验器材】

白纸、铅笔、小白色目标物、尺、遮眼板。

【实验内容和方法】

(1) 证明盲点的存在:在黑板上贴一张 50 cm×20 cm 的白纸,在白纸的左侧画一个小而显眼的黑色"十"字,距"十"字右侧 25 cm 处画一个直径 5 cm 的黑色圆形标。受试者站在距白纸2 m 处,遮住左眼,用右眼注视正前方白纸上的"十"字,此时白纸右侧的圆形色标清楚可见。令受试者向白纸缓慢前行,在前进中圆形色标突然从受试者视野中消失,若继续缓慢前行,圆形色标又会在受试者视野中重新出现。这样,可证明盲点的存在。

(2) 在黑板上和眼相平行的地方划一白色"十"字记号,受试者立于黑板前,使眼与"十"字的距离为 50 cm。用遮眼板遮住一眼,让受试者用另一眼目不转睛地注视"十"字。实验者将小白色目标物由"十"字开始慢慢向所测眼的外侧移动,到受试者刚好看不见目标物时,就把目标物所在位置记下来。继续再将目标物慢慢向外侧移动,直到它又被看见时,再记下它的位置。由所记下的两个记号的中点起,沿着各个方向移动目标物,找出并记录目标物能被看见和看不见的交界点。将所记下的各点依次连接起来,就可以形成一个大致呈圆形的圈。此圆圈所包括的区域叫做盲点投射区域。

(3) 依据相似三角形各对应边成正比的定理,计算出盲点与中央凹的距离和盲点的直径。参考图 2 - 10 - 3 及下列公式。

1) $\dfrac{\text{盲点与中央凹的距离}}{\text{盲点投射区域与"十"字的距离}}=\dfrac{\text{节点与视网膜的距离(以 15 mm 计)}}{\text{节点到白纸的距离(500 mm)}}$,

盲点与中央凹的距离(mm)=盲点投射区域与"十"字距离×(15÷500)。

2) $\dfrac{\text{盲点的直径}}{\text{盲点投射区域的直径}}=\dfrac{\text{节点与视网膜的距离(以 15 mm 计)}}{\text{节点到白纸的距离(500 mm)}}$,

盲点的直径(mm)=盲点投射区域的直径×(15÷500)。

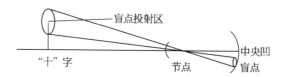

图 2 - 10 - 3　计算盲点与中央凹的距离和盲点的直径

【想一想】
为何在正常双眼视觉中不能发现盲点的存在(无视野缺损现象)?

任务四　动物一侧迷路破坏的效应

【实验目的】
通过豚鼠一侧迷路的破坏来观察迷路在调节动物姿势中的重要作用。

【实验原理】
内耳迷路中的前庭器官是感受头部空间位置与运动的器官,通过它可反射性地影响肌紧张,从而调节机体的姿势与平衡。当动物的一侧迷路被破坏后,其肌紧张协调发生障碍,在静止和运动时失去正常的姿势。

【实验对象】

豚鼠。

【实验器材】

滴管、氯仿。

【实验内容和方法】

(1) 麻醉豚鼠的一侧迷路：使动物侧卧，提起一侧耳郭，用滴管向内耳道深处滴入氯仿0.5 ml。使动物保持侧卧位，不让其头部扭动。

(2) 麻醉后约 10 min，豚鼠的头开始偏向迷路被麻醉的那一侧，随即出现眼球震颤并可持续 30 min。若任其自由活动，则可见豚鼠偏向麻醉迷路的那一侧并作旋转运动。

【想一想】

豚鼠一侧迷路麻醉后，为什么会偏向麻醉迷路的那一侧运动，此时眼球震颤的方向如何？

任务五　声音的传导途径

【实验目的】

通过任内试验和魏伯试验，了解气传导和骨传导的两种不同途径，并学会鉴别听力障碍的方法。

【实验原理】

声波在正常人主要经外耳、鼓膜和听骨链，再经卵圆窗传入内耳引起听觉，称为气传导。声波也可直接作用于颅骨，引起内淋巴振动，产生听觉，称为骨传导。骨传导的效果远较气传导为差。当气传导发生障碍时，气传导的效应减弱或消失，骨传导效应相应提高。由于鼓膜或中耳病变等气传导障碍引起的听力下降或消失，称为传音性耳聋。由耳蜗等病变引起的听力下降或消失，称为感音性耳聋。

【实验对象】

人。

【实验器材】

音叉(频率为 256 次/s 或 512 次/s)、棉球。

【实验内容和方法】

1. 比较同侧耳的气传导和骨传导(任内试验,简称 RT)

(1) 室内保持安静,受试者取坐位。检查者振动音叉后,立即将音叉柄置于受试者一侧颞骨乳突部。此时,受试者可听到音叉响声,以后随着时间延长,声音逐渐减弱。当受试者刚刚听不到声音时,立即将音叉移至其外耳道口,则受试者又可重新听到响声。反之,先置音叉于外耳道口处,当听不到响声时再将音叉移至颞骨乳突部,受试者仍听不到声音。临床上叫做任内试验阳性(+),这说明正常人气传导时间长。

(2) 用棉球塞住同侧耳孔,重复上述试验。若测气传导时,振动的音叉在外耳道口听不到声音,则再敲击音叉,先置于外耳道口,待听不到响声时,将音叉置于颞骨的乳突部,受试者仍听到响声,说明气传导时间缩短,等于或小于骨传导时间,临床上称为任内试验阴性(一)。

2. 比较两耳的骨传导(魏伯试验,简称 WT)

(1) 将振动的音叉柄置于受试者前额正中发际处,要受试者比较两耳感受的声音强度。正常人两耳声音强度相同。记录时以"→"表示偏向,"="表示声音在中间。

(2) 棉球塞住受试者一侧耳孔,重复上述操作,询问受试者声音偏向哪侧。表 2-10-1 是用任内试验和魏伯试验来鉴别正常人、传音性耳聋和感音性耳聋的试验结果。

表 2-10-1 用 RT 和 WT 区分传音性耳聋和感音性耳聋

类别	正常人	传音性耳聋	感音性耳聋
RT	+	一、±	+
WT	=	→患耳	→健耳

【注意事项】

(1) 敲响音叉,用力不要过猛,切忌在坚硬物体上敲打,以免损坏音叉。

(2) 音叉放在外耳道口时,应使音叉的振动方向正对外耳道口。注意叉枝勿触及耳郭或头发。

【想一想】

如何用任内试验和魏伯试验来鉴别传音性耳聋和感音性耳聋?

神经系统的结构和功能

任务一　神经系统的解剖结构

【实验目的】

通过对神经系统标本、模型的观察,认知中枢神经系统的结构,周围神经系统的主要分支分布情况。

【实验器材】

(1) 脑的全貌、大脑水平切面的模型与标本。

(2) 脑干放大模型及脑干的标本。

(3) 基底神经核和脑室的模型与标本。

(4) 电动透明脑干模型。

(5) 脊髓的全貌、脊髓横断面的模型与标本。

(6) 小脑、丘脑与下丘脑的模型与标本。

(7) 全身脊神经的模型与标本,骨架上神经的模型。

(8) 脑神经的模型与标本。

(9) 内脏神经的模型。

(10) 多媒体设备,神经系统的图片和视频等。

【观察项目】

1. **脊髓横断面**　脊神经前根、后根、脊神经节、中央管、灰质(前角、后角、侧角)、白质(前、后、侧索)。

2. **脊髓整体**　位置;外形:颈膨大、腰骶膨大、脊髓圆锥、终丝、马尾、脊髓表面纵行沟裂、脊神经前根和后根(脊神经节)(图 2-11-1)。

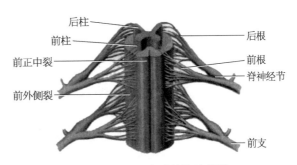

图 2-11-1　脊髓结构示意图

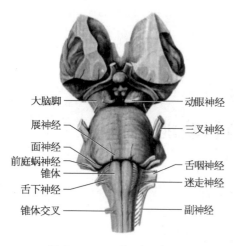

大脑脚 —— —— 动眼神经
展神经 —— —— 三叉神经
面神经 ——
前庭蜗神经 —— —— 舌咽神经
锥体 ——
舌下神经 —— —— 迷走神经
锥体交叉 —— —— 副神经

图 2 - 11 - 2 脑干（腹面）

3. 脑干（图 2 - 11 - 2）

（1）延髓：锥体、锥体交叉、橄榄、薄束结节、楔束结节，以及舌咽神经根、迷走神经根、副神经根、舌下神经根。

（2）脑桥：基底沟、小脑中脚、延髓与脑桥背面的菱形窝（髓纹、正中沟、内侧隆起、面神经丘、舌下神经三角、迷走神经三角、前庭区、听结节）、小脑下脚，以及三叉神经根、展神经根、面神经根、位听神经根。

（3）中脑：大脑脚、脚间窝、上丘、下丘，以及动眼神经根、滑车神经根。

4. 透明脑干模型　观察脑神经核的分布概况和规律。

5. 间脑　丘脑、后丘脑（内侧膝状体、外侧膝状体）、下丘脑（视交叉、灰结节、漏斗、垂体和乳头体）、第 3 脑室位置和交通。

6. 小脑　小脑半球、小脑蚓、小脑扁桃体、第 4 脑室位置和交通。

7. 端脑

（1）外形

1）外侧面：中央沟、外侧沟、中央前沟、中央后沟。

2）额叶：中央前回、额上回、额中回、额下回。

3）顶叶：中央后回、缘上回、角回。

4）颞叶：颞横回、颞上回、颞中回、颞下回。

5）枕叶。

6）岛叶。

7）内侧面：胼胝体、中央旁小叶、扣带回、顶枕沟、距状沟。

8）底面：海马旁回及钩、嗅球、嗅束。

（2）内部结构：大脑皮质功能定位（图 2 - 11 - 3）；髓质内的内囊位置和分部；基底核（豆状核、尾状核、屏状核、杏仁体等）；侧脑室的位置、分部与交通。

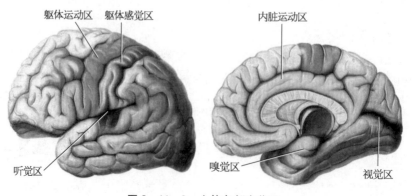

躯体运动区　躯体感觉区   内脏运动区

听觉区   嗅觉区   视觉区

图 2 - 11 - 3 人体各部定位区

8. **脑和脊髓的被膜**

(1) 硬脊膜和硬脑膜:硬脊膜外隙的位置、硬脑膜静脉窦(上矢状窦、海绵窦等)、大脑镰、小脑幕。

(2) 蛛网膜下隙、终池、蛛网膜粒。

(3) 软脊膜和软脑膜:脉络丛。

9. **脑的血管**

(1) 颈内动脉及其分支:大脑前动脉、大脑中动脉的分支与分布、前交通动脉。

(2) 椎动脉及其分支:左、右大脑后动脉的分支与分布;后交通动脉。

(3) 大脑动脉环的组成和位置。

10. **脊神经**

(1) 脊神经组成:前根、后根、脊神经节、脊神经前支、后支,以及31对脊神经。

(2) 颈丛组成、位置及主要分支;膈神经的分布。

(3) 臂丛组成、位置及腋神经、肌皮神经、正中神经、尺神经、桡神经的分布。

(4) 肋间神经和肋下神经的分布。

(5) 腰丛组成、位置及主要分支股神经、闭孔神经的分布。

(6) 骶丛组成、位置及主要分支坐骨神经、胫神经、腓总神经的分布。

11. **脑神经**

(1) 脑神经连脑部位。

(2) 动眼神经、滑车神经、展神经的分布。

(3) 三叉神经的三大分支:眼神经、上颌神经、下颌神经的分支。

(4) 面神经、舌咽神经、舌下神经的分布。

(5) 迷走神经的喉上神经、喉返神经及副交感神经纤维的分布。

12. **内脏神经**

(1) 交感和副交感神经的低级中枢。

(2) 交感干的组成和位置。

(3) 内脏运动神经节前、节后纤维的分布。

13. **脑和脊髓的传导通路**

(1) 躯干和四肢的浅感觉、深感觉传导通路。

(2) 皮质核束和皮质脊髓束的传导通路中的神经元、交叉和止于中枢的部位。

(3) 视觉传导通路和瞳孔对光反射通路。

【**想一想**】

中枢神经系统和周围神经系统主要有哪些重要结构?

任务二　反射弧的分析

【**实验目的**】

分析反射弧的组成部分并探讨各部分的作用。

【实验原理】

在中枢神经系统的参与下,机体对体内、外刺激可产生具有适应意义的反应过程称为反射。反射活动的结构基础是反射弧。反射弧包括感受器、传入神经、反射中枢、传出神经和效应器五个部分。要引起反射,首先必须有完整的反射弧。反射弧的任何一部分有缺损,都会使反射不能实现。

【实验对象】

蟾蜍。

【实验器材】

蛙手术器械一套、探针、铁架台、生物信号采集系统、刺激电极、骨夹、烧杯、培养皿、棉花、纱布、丝线、1%硫酸溶液。

【实验内容和方法】

(1) 用探针从蟾蜍枕骨大孔刺入颅腔,捣毁脑组织,但不能破坏脊髓。

(2) 用蛙足钉将蟾蜍俯卧位固定在蛙板上,背侧剪开右大腿皮肤,在股二头肌和半膜肌间分离坐骨神经,并穿两根丝线备用。

(3) 用骨夹夹住蟾蜍的下颌,避免夹到舌根部位,悬挂在铁架台上。

(4) 启动计算机,打开生物信号采集系统电源,在桌面上单击 MedLab 图标,进入 MedLab 应用程序窗口。调节电刺激输出。

【观察项目】

(1) 用培养皿盛 1%硫酸溶液,将蟾蜍左后肢的中趾(最长的脚趾)趾端浸于硫酸溶液中,观察其反应。然后立即用清水洗净脚趾上的残余硫酸,并用纱布轻轻揩干。

(2) 在左后肢距小腿关节上方,将皮肤做一环形切口,剥去切口以下皮肤(趾尖皮肤应除净),重复前项实验。

(3) 用上述方法以硫酸溶液刺激右后肢的中趾趾端,观察有无反应。然后,将该侧坐骨神经做双结扎,在两结扎线中间将神经剪断。再以硫酸溶液刺激右后肢的中趾趾端,观察其反应。

(4) 以连续电刺激(刺激波宽为 0.1 ms,刺激强度为 1～5 V,刺激频率为 25 Hz)对右侧坐骨神经中枢端进行刺激,观察同侧和对侧后肢的反应。

(5) 用探针破坏脊髓,重复项目(4)。

(6) 以上述的电刺激对右侧坐骨神经外周端进行刺激,观察同侧及对侧后肢的反应。

(7) 直接刺激右侧腓肠肌,观察反应。

【注意事项】

(1) 每次硫酸刺激后,均应迅速用清水洗去蟾蜍趾端皮肤上的硫酸,洗后应擦干蟾蜍脚趾上的水渍,以免皮肤受伤。

(2)夹住蟾蜍下颌时应避免夹在舌根部位,以免蟾蜍四肢过度挣扎。

(3)电刺激神经前应先对腿部肌肉进行刺激,以证明刺激输出有效。

【想一想】

(1)何谓屈肌反射? 何谓对侧伸肌反射?

(2)反应和反射两个概念有何联系和区别?

任务三 人体腱反射

【实验目的】

熟悉几种人体腱反射的检查方法,以加深理解牵张反射的作用机制。

【实验原理】

牵张反射是最简单的躯体运动反射,包括肌紧张和腱反射两种类型。腱反射是指快速牵拉肌腱时发生的牵张反射。腱反射是一种单突触反射,其感受器是肌梭,中枢在脊髓前角,效应器主要是肌肉收缩较快的快肌纤维成分。腱反射的减弱或消退,常提示反射弧的传入、传出通路或脊髓反射中枢的损害或中断。而腱反射的亢进,则提示高位中枢的病变。因此,临床上常通过检查腱反射来了解神经系统的功能状态。

【实验对象】

人。

【实验器材】

叩诊槌。

【实验内容和方法】

(1)受试者应予以充分合作,避免精神紧张和意识性控制,四肢保持对称、放松。如果受试者精神或注意力集中于检查部位,可使反射受到抑制。此时,可用加强法予以消除。最简单的加强法是叫受试者主动收缩所要检查反射以外的其他肌肉。

(2)肱二头肌反射:受试者端坐位,检查者用左手托住受试者右肘部,左前臂托住受试者的前臂,并以左手拇指按于受试者的右肘部肱二头肌肌腱上,然后用叩诊槌叩击检查者自己的左拇指。正常反应为肱二头肌收缩,表现为前臂呈快速的屈曲动作(图 2 - 11 - 4 左)。

(3)肱三头肌反射:受试者上臂稍外展,前臂及上臂半屈成90°。检查者以左手托住其右肘部内侧,然后用叩诊槌轻叩尺骨鹰嘴的上方1～2 cm处的肱三头肌肌腱。正常反应为肱三头肌收缩,表现为前臂呈伸展运动(图 2 - 11 - 4 右)。

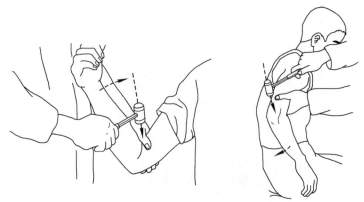

图 2 - 11 - 4 肱二头肌反射和肱三头肌反射的检查方法

左图为肱二头肌反射,右图为肱三头肌反射

(4) 膝反射:受试者取坐位,双小腿自然下垂悬空。检查者以右手持叩诊槌,轻叩膝盖下股四头肌肌腱。正常反应为小腿伸直动作(图 2 - 11 - 5 左)。

(5) 跟腱反射:受试者跪于椅子上,下肢于膝关节部位呈直角屈曲,距小腿关节以下悬空。检查者以叩诊槌轻叩跟腱。正常反应为腓肠肌收缩,足向跖面屈曲(图 2 - 11 - 5 右)。

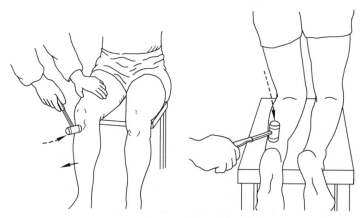

图 2 - 11 - 5 膝反射和跟腱反射的检查方法

左图为膝反射,右图为跟腱反射

【注意事项】

(1) 检查者动作轻缓,消除受检者紧张情绪。

(2) 受检者不要紧张,四肢肌肉放松。

(3) 每次叩击的部位要准确,叩击的力度要适中。

【想一想】

以膝反射为例,写出从叩击股四头肌肌腱到引起小腿伸直动作的全过程。

人体常用生命指标的测定

体温、脉搏、呼吸和血压是机体内在活动的客观反映,是判断机体健康状态的基本依据和指标,临床称之为生命体征。

任务一　体温、脉搏和呼吸的测量方法

【实验目的】

学习人体体温、脉搏和呼吸的测量方法。

【实验对象】

人。

【实验器材】

温度计、秒表。

【实验内容和方法】

1. 测量体温的方法

(1) 体温计种类及结构

1) 水银体温计的种类及结构:有口表和肛表,口表盛水银端较细长,可做口腔或腋下测量。肛表盛水银一端呈圆柱形,用于直肠测温。

水银体温计是由一根有刻度的真空玻璃毛细管构成。其末端有贮液槽,内盛水银。当水银槽受热后,水银膨胀而沿着毛细管上升,其高度和受热程度成正比。体温表的毛细管下端和水银槽之间有一凹缩处,可使水银柱遇冷不致下降。体温计的刻度为 35～42 ℃,每 1 ℃ 之间分成 10 小格,每一小格表示 0.1 ℃,位于 0.5 ℃ 和 1 ℃ 的地方用较粗且长的线标示。在 37 ℃ 处则染以红色。

2) 电子体温计:采用电子感温探头来测量温度,测得的温度直接由数字显示,读数直观,测温准确,灵敏度高。注意置探头于患者的测量部位,维持 60 s,即可读取体温数值。

(2) 测量方法:测量前检查体温计有无破损,水银柱是否在 35 ℃ 以下。

1) 口腔测温:适用于成人,清醒、合作状态下,无口鼻疾患者。将口表水银端斜放于舌下系带两侧,嘱患者紧闭口唇,勿用牙咬,5 min 后取出,用消毒纱布擦净,看明度数,记录结果。

2) 腋下测温:常用于昏迷、口鼻手术、不能合作的患者和肛门手术者、腹泻婴幼儿,但消瘦者不宜使用。解开患者胸前衣扣,轻揩干腋窝汗液,将体温计水银端放于腋窝深处紧贴皮肤,屈臂过胸,必要时托扶患者手臂,10 min 后取出,用消毒纱布擦净,看明度数,记录结果。

3) 直肠测温:常用于不能用口腔或腋下测温者。有心脏疾病者不宜使用,因肛表刺激肛门后,可使迷走神经兴奋,导致心动过缓。嘱患者侧卧,屈膝仰卧或俯卧位,露出臀部,体温计水银端涂润滑油,将体温计轻轻插入肛门3~4 cm,3 min 后取出,用卫生纸擦净肛表,看明度数,记录结果。

2. 测量脉搏的方法　　动脉有节律地搏动称为脉搏。由于心脏周期性活动,使动脉内压发生节律性变化,这种变化以波浪形式沿动脉壁向外周传播形成脉搏。

(1) 测量部位:凡身体浅表靠近骨骼的动脉,均可用以诊脉。常用的有桡动脉,其次有颞浅动脉、颈动脉、肱动脉、腘动脉、足背动脉、胫后动脉、股动脉等。

(2) 测量方法

1) 将患者手腕放于舒适位置。

2) 诊脉者以示、中、环指(三指并拢),指端轻按于桡动脉处,压力的大小以清楚触到搏动为宜,一般患者计数0.5 min,并将所测得数值乘2即为每分钟的脉搏数。异常脉搏(如心血管疾病、危重患者等)应测1 min。当脉搏细弱而触不清时,可用听诊器听心率1 min 代替触诊。测后记录结果。

3. 测量呼吸的方法

正常人的呼吸,不仅有规律,而且均匀,成年人每分钟 16~18 次,运动或情绪激动可以使呼吸暂时增快。小孩每分钟 30 次左右。

(1) 观察患者胸部或腹部起伏次数,一吸一呼为1次,观察1 min。

(2) 危重患者呼吸微弱不易观察时,用少许棉花置于患者鼻孔前,观察棉花被吹动的次数,1 min 后计数。

【注意事项】

1. 测量体温的注意事项

(1) 患者进冷、热饮食,蒸汽吸入,面颊冷、热敷等须隔 30 min 后,方可口腔测温;沐浴、乙醇擦浴应隔 30 min 后,方可腋下测量;灌肠、坐浴后 30 min,方可直肠测温。

(2) 当患者不慎咬破体温计吞下水银时,应立即口服大量牛乳或蛋清,使汞和蛋白结合,以延缓汞的吸收,在不影响病情的情况下,可服大量粗纤维食物(如韭菜)或吞服内装棉花的胶囊,使水银被包裹而减少吸收,并增进肠蠕动,加速汞的排出。

(3) 体温计的清洁与消毒常用消毒液有 1% 过氧乙酸、3% 碘仿、1% 二氯异氰尿酸钠(消毒灵)等。方法:体温计先以肥皂水和清水冲洗干净,擦干后全部浸于消毒容器内,5 min 后取出,放入另一盛有消毒液容器内,30 min 后取出,用冷开水冲洗,再用消毒纱布擦干,存放于清洁的容器内备用。

2. 测量脉搏的注意事项

(1) 活动或情绪激动时,应休息 20 min 后再测。

(2) 不可用拇指诊脉,以免拇指小动脉搏动与患者脉搏相混淆。

(3) 偏瘫患者测量脉搏应选择健侧肢体。

3. 测量呼吸的注意事项

(1) 要在环境安静,患者情绪稳定时测量呼吸。

(2) 在测量呼吸次数的同时,应注意观察呼吸的节律、深浅度及气味等变化。

【想一想】

(1) 口腔测温、腋下测温和直肠测温分别在哪些情况下禁止使用?

(2) 危重患者一般的方法测量不到脉搏和呼吸,该如何测量?

任务二　心音听诊的方法

【实验目的】

学习人体心音听诊的方法,区别第一心音和第二心音,了解心音产生的原理。

【实验原理】

心音是由心脏瓣膜关闭、心肌收缩、血流加速和减速等引起的振动所产生的声音。心音可用听诊器置于受试者胸前壁直接听诊,心音听诊在心脏病诊断中占有重要地位。心音发生在心动周期的某些特定时间,其音调和持续时间也有一定的规律。正常情况下共有四个心音,但多数情况下,听诊只能听到第一心音和第二心音。

【实验对象】

人。

【实验器材】

听诊器、秒表。

【实验内容和方法】

(1) 室内保持安静,受试者解开上衣,面向亮处静坐。

(2) 参照图 2-12-1,认清瓣膜听诊区。

二尖瓣区:心尖部,左锁骨中线内侧第 5 肋间处。

三尖瓣区:胸骨体下端近剑突稍偏左或剑突下。

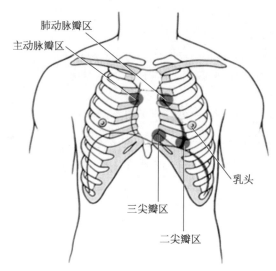

图 2 - 12 - 1 心音听诊部位

主动脉瓣区:胸骨右缘第 2 肋间隙。胸骨左缘第 3、第 4 肋间隙为主动脉瓣第二听诊区。

肺动脉瓣区:胸骨左缘第 2 肋间隙。

（3）检查者戴好听诊器,听诊器的耳管应与外耳道一致。以右手的拇指、示指和中指轻持听诊器胸器,置于受试者的胸壁上。按肺动脉瓣区、主动脉瓣区、二尖瓣区、三尖瓣区顺序听诊。

（4）听心音同时,可用手触诊心尖搏动或颈动脉搏动,与此搏动同时出现为第一心音。根据心音性质(音调高低、持续时间长短)、间隔时间,仔细区分第一心音和第二心音。

（5）比较各听诊区两心音的强弱,若呼吸音影响听诊时,可嘱受试者暂停呼吸。

【想一想】

比较正常人第一心音和第二心音的特点及其产生机制。

任务三　测定人体动脉血压

【实验目的】

了解间接测定动脉血压的原理,学习用间接测压法,测定肱动脉的收缩压和舒张压。

【实验原理】

人体血压的测定部位常为肱动脉,一般采用间接测压法(Korotkoff 听诊法),即使用血压计的袖带在动脉外施加不同压力,根据血管音的变化来测量血压。刚能听到血管音时的最大外加压力相当于收缩压,而血管音突变或消失时外加压力即相当于舒张压。

【实验对象】

人。

【实验器材】

血压计、听诊器。

【实验内容和方法】

1. 准备　血压计有两种,即水银柱式和表式。两种血压计都包括橡皮袖带、橡皮球和检压计三部分。

测压前应检查袖带是否漏气,宽度合乎标准否(世界卫生组织规定:成人上臂用袖带宽度为14 cm,长度为以能绕上臂一周超过 20%,儿童用袖带宽度为 7 cm),检压计是否准确(检查袖带内与大气相通时,水银柱液面是否在零刻度)。

2. 测量方法(图 2-12-2)

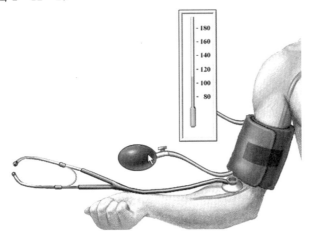

图 2-12-2　人体动脉血压的测量方法

(1) 嘱受试者静坐 5~10 min。

(2) 让受试者脱去右臂衣袖。

(3) 松开血压计橡皮球的螺帽,驱出袖带内的残留气体,然后将螺帽旋紧。

(4) 让受试者前臂放于桌上,手臂向上,使前臂与心脏等高,将袖带缠在该上臂,袖带下缘至少在肘关节上 2 cm,松紧适宜。

(5) 在肘窝内侧先用手指触及肱动脉脉搏所在,将听诊器胸件放在上面。不可用力压迫胸件,也不能接触过松,更不能压在袖带底下进行测量。

(6) 用橡皮球将空气打入袖带内,使血压计的水银柱逐渐上升到听诊器内听不到血管音为止。继续打气,使水银柱再上升 22.5~30 mmHg(3~4 kPa),随即松开气球螺帽,徐徐放气,水银柱缓慢下降,仔细听诊,当听到第一声"咚咚"样血管音时,血压计上所示水银柱刻度即为收缩压。

(7) 继续缓慢放气,此时血管音先由低而高,然后由高突然变低,有的血管音完全消失。血压计在听诊音调突然由高变低瞬间或突然消失所示的水银柱刻度则为舒张压,血压记录常以"收缩压/舒张压 mmHg"表示。

(8) 连测 2~3 次,取其最低值。发现血压超出正常范围时,应让受试者休息 10 min 再重测。在休息期间可解下受试者的袖带。

【想一想】

测量动脉血压时,应该注意哪些事项?

任务四　人体心电图的描记方法

【实验目的】

学习人体心电图描记方法和心电图波形的测量方法,辨认正常心电图的波形并了解其生理意义和正常值范围。

【实验原理】

心电图是由人体表面一定部位记录出来的心脏电变化曲线。它反映心脏兴奋的产生、传导和恢复过程中的生物电变化。

【实验对象】

人。

【实验器材】

心电图机、酒精棉球。

【实验内容和方法】

1. 准备

(1) 让受试者安静,舒适地平卧在检查床上,肌肉放松。

(2) 接好心电图机的电源线、地线和导联线。灵敏度调节开关置于"1",走纸速度开关置于"25 mm/s","记录、观察和准备"开关置于"准备",导联选择开关置于"0"。开启电源开关,预热约5 min,调节基线移位调节器,使描笔位于中间。

(3) 将"记录、观察和准备"开关置于"观察"位,重复按定标按钮,1 mV 标准信号应使描笔振幅为 10 mm。再将开关按至"记录"位,重复按定标按钮,在心电图纸上描记标准信号。调节热笔温度调节器(顺时针转则温度升高),使热笔描出线条浓淡适中。若标准信号幅值有差异,可微调增益细调电位器。然后将"记录、观察和准备"开关拨置"准备"位。

(4) 在前臂屈侧腕关节上方及内踝上方安放引导电极(胸前用吸附电极)。安放电极前,先用酒精棉球将要放置电极部位的皮肤擦净(可以改善皮肤的导电性,使心电图曲线光滑)。

(5) 按电极颜色接好导联线:红色—右手(RA),黄色—左手(LA),绿色或蓝色—左足

(LL),黑色—右足(RL),白色—胸前(CH)。

2. **描记** 将"导联选择"开关拨至某一导联(如Ⅱ导联)。稍等片刻,将"记录、观察和准备"开关拨向"观察"位。待描笔稳定后,即可拨至"记录"位,记录该导联的心电图波形。以后每次变换导联或更换胸前电极的位置,均按照上述步骤重复一次。

3. **分析**(图 2 - 12 - 3)

(1) 辨认 P 波、QRS 波群、T 波、R - R 间期、P - R 间期、S - T 段及 Q - T 间期。

(2) 测量Ⅱ导联中上述各波段时程。心电图的纸速一般采用 25 mm/s,即心电图纸上横坐标每一小格(1 mm)代表 0.04 s。

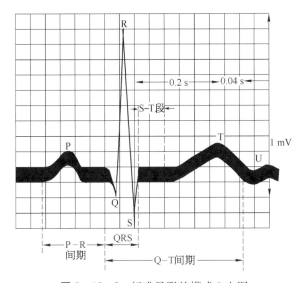

图 2 - 12 - 3 标准导联的模式心电图

(3) 测量Ⅱ导联中各波的幅度:心电图纸上纵坐标每一小格代表 0.1 mV。凡向上的波形,其波幅应从基线的上缘测量至波峰的顶点。凡向下的波形,其波幅从基线的下缘测量至波谷的底点。

(4) 检测心率:心率＝60÷(P - P 间期或 R - R 间期)次/min(beat/min)。

(5) 心律分析:根据 P 波决定基本心律,判定心律是否规则,有无期前收缩或异位节律,有无窦性心律不齐。

【想一想】

(1) 正常窦性心律的心电图有哪些特点?

(2) 想一想心电图各波和各期的生理意义。

实验十三

生物化学实验

任务一　蛋白质、葡萄糖定量测定的方法

标准曲线法测定蛋白质含量

【实验目的】

(1) 掌握分光光度计的使用方法。

(2) 掌握标准曲线法测物质含量的方法。

(3) 掌握双缩脲法测定蛋白质含量的方法。

【实验原理】

蛋白质定量结果是生物医学研究中的基础数据,其准确与否关系到研究结果的可靠程度。一般用分光光度法测物质的含量,先要制作标准曲线,然后根据标准曲线查出所测物质的含量。因此,制作标准曲线是生物检测分析的一项基本技术。

蛋白质含有两个以上肽键,因此有双缩脲反应。在碱性溶液中,蛋白质与 Cu^{2+} 形成紫红色络合物,此紫红色络合物颜色的深浅与蛋白质的含量成正比。

双缩脲是由两分子尿素缩合而成的化合物,在碱性溶液中与硫酸铜反应生成紫红色络合物,此反应即为双缩脲反应。含有两个或两个以上肽键的化合物都具有双缩脲反应。蛋白质含有多个肽键,在碱性溶液中能与 Cu^{2+} 络合成紫红色化合物。其颜色深浅与蛋白质的浓度成正比,而与蛋白质的相对分子量及氨基酸成分无关,故可用比色法测定,制作标准曲线并测定蛋白质含量。测定范围为 $1\sim10\ \mu g$ 蛋白质。干扰这一测定的物质主要有:硫酸铵、Tris 缓冲液和某些氨基酸等。此法的优点是较快速,不同的蛋白质产生颜色的深浅相近,以及干扰物质少。主要的缺点是灵敏度差。因此双缩脲法常用于需要快速,但并不需要十分精确的蛋白质测定。

双缩脲的合成过程如下:

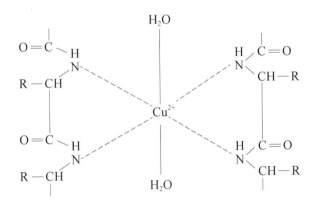

紫红色铜双缩脲复合物分子结构为：

【实验器材】

(1) 双缩脲试剂:溶解 1.5 g 硫酸铜(CuSO$_4$·5H$_2$O)和 6.0 g 酒石酸钾钠(NaKC$_4$H$_4$O$_6$·4H$_2$O)于 500 ml 蒸馏水中,在搅拌下加入 300 ml 2.5 mol/L 氢氧化钠溶液、KI 1.0 g,用水稀释到 1 000 ml。在棕色瓶中避光保存。长期放置若出现暗红色沉淀,即弃之。

(2) 蛋白质标准液:取牛血清白蛋白,用生理盐水稀释至浓度 10 g/L。

(3) 试管、移液管、坐标纸等。

(4) 恒温水浴箱。

(5) 分光光度计。

【实验内容和方法】

1. 准备 按表 2-13-1 平行加入各项试剂。

表 2-13-1 测定蛋白质含量时平行添加的试剂剂量

编号	0	1	2	3	4	5	测定
蛋白质标准液 10 g/(L·ml)	—	0.1	0.2	0.3	0.4	0.5	—
生理盐水(ml)	0.5	0.4	0.3	0.2	0.1	—	0.4
待测样品(ml)	—	—	—	—	—	—	0.1
双缩脲试剂(ml)	3.0	3.0	3.0	3.0	3.0	3.0	3.0
相当蛋白质(g/L)	0	10	20	30	40	50	

2. 测定   充分混匀,37 ℃水浴保温 20 min,冷却至室温,在分光光度计波长 540 nm 处,用 0 管校正吸光度为零,读取各管吸光度值。1～5 管为标准曲线管,测得吸光度后,以吸光度为纵坐标,蛋白质浓度为横坐标绘制标准曲线。测得测定管的吸光度,对照标准曲线求得蛋白质浓度。

【注意事项】

(1) 本实验方法测定范围 1～10 μg 的蛋白质。

(2) 须于显色后 30 min 内比色测定。30 min 后,可有雾状沉淀发生。各管由显色到比色的时间应尽可能一致。

(3) 有大量脂肪性物质同时存在时,会产生浑浊的反应混合物,这时可用乙醇或石油醚使溶液澄清后离心,取上清液再测定。

(4) 双缩脲试剂中加入酒石酸钾钠,Cu^{2+} 形成稳定的络合铜离子,以防止 $CuSO_4 \cdot 5H_2O$ 不稳定形成 $Cu(OH)_2$ 沉淀。酒石酸钾钠与 $CuSO_4 \cdot 5H_2O$ 之比不低于 3∶1。加入 KI 作为抗氧化试剂。

(5) 双缩脲试剂要封闭储存,防止吸收空气中的二氧化碳。

(6) 本法各种蛋白质的显色程度基本相同,重复性好,几乎不受温度影响,唯一的缺点是灵敏度较低。

(7) 黄疸血清、严重溶血对本法有干扰。

【想一想】

(1) 干扰本实验的因素有哪些?

(2) 双缩脲法测定蛋白质含量的原理是什么? 还有其他方法测定蛋白质含量吗?

(3) 请用双缩脲法,设计一个测定蛋白质含量的定量方法(除标准曲线法外)。

附:其他蛋白质定量技术

(1) 微量凯氏(Kjeldahl)定氮法。

(2) Folin—酚试剂法(Lowry 法)。

(3) 紫外吸收法。

(4) 考马斯亮蓝法(Bradford 法)。

(5) BCA 比色法。

标准管法测定葡萄糖含量

【实验目的】

(1) 掌握标准管法测物质含量的方法。

(2) 掌握酶法测定葡萄糖含量的方法。

【实验原理】

在葡萄糖氧化酶的催化作用下 β-D-葡萄糖氧化成过氧化氢和葡萄糖酸,在过氧化酶的存在下,过氧化氢与苯酚、4-氨基安替比林与偶联酚缩合成可被分光光度计测定的红色醌类化合物,即所谓的 Trinder 反应。其红色在 510 nm 波长处有最大吸收峰,颜色的深浅在一定范围内与血葡萄糖浓度成正比。

$$\beta\text{-D-葡萄糖} + O_2 + H_2O \xrightarrow{\text{GOD}} D-葡萄糖酸酯 + H_2O_2$$

$$H_2O_2 + 4\text{-氨基安替比林} + 对羟基苯甲酸钠 \xrightarrow{\text{POD}} 醌(红色) + H_2O$$

【实验器材】

(1) 葡萄糖酶法测定试剂盒。

(2) 葡萄糖标准液(5.5 mmol/L)。

(3) 移液管、微量移液器、37 ℃水浴。

(4) 分光光度计。

【实验内容和方法】

1. 准备 按表 2-13-2 添加多项试剂。

表 2-13-2 测定葡萄糖含量时添加的试剂剂量

试剂名称	测定管(U)	标准管(S)	空白管
血清	20 μl	—	—
参考液	—	20 μl	—
工作试剂	2.5 ml	2.5 ml	2.5 ml

2. 测定 混匀后在 37 ℃水浴保温 20 min,在分光光度计 510 nm 波长处,以空白管校正吸光度值为零,在 30 min 内读取测定值。

3. 计算 葡萄糖含量(mmol/L) = Au/As × 5.5。

● 正常参考值:人体正常血糖 3.9~5.8 mmol/L(70~105 mg/100 mL)

● 临床意义

(1) 血糖浓度的测定常用于内分泌腺功能的检查,当体内某种激素分泌失常时,都能造成低血糖或高血糖症。

(2) 病理性血糖增高:最常见的是糖尿病,当胰岛素分泌功能障碍时,糖代谢发生紊乱,可产生永久性持续的高血糖现象,出现尿糖,称为糖尿病。血糖升高还可见于甲状腺功能亢进、肾上腺功能亢进等病。

(3) 血糖过低:可见于胰岛素增多症、过量的胰岛素治疗、胰腺癌、肾上腺皮质功能减退等。

【注意事项】

(1) 样品内葡萄糖浓度高于 22.2 mmol/L 时,建议稀释后再测定。

(2) 试剂盒可在 4 ℃避光保存 1 年。

【想一想】

(1) 测定血糖有何意义? 为何不能使用溶血标本?

(2) 颜色的深浅在一定范围内与血葡萄糖浓度成正比,这里的一定范围指什么?

任务二　血清蛋白醋酸纤维薄膜电泳

【实验目的】

(1) 掌握:血清蛋白醋酸纤维薄膜电泳原理;与薄膜电泳迁移率有关的各种因素;薄膜电泳的局限性;电渗的证明方法。

(2) 熟悉:电场强度与蛋白质变性的关系;血清蛋白醋酸纤维薄膜电泳后染色条带脱色、定量的方法。

【实验原理】

血清蛋白的 pI 都在 7.5 以下,在 pH 8.6 的巴比妥缓冲液中以负离子的形式存在,分子大小、形状也各有差异,所以在电场作用下,可在醋酸纤维薄膜上分离成 A、α_1、α_2、β、γ 五条区带。电泳结束后,将醋酸纤维薄膜置于染色液,使蛋白质固定并染色,再脱色(洗去多余染料)。将经染色后的区带分别剪开,将其溶于碱液中,进行比色测定,计算出各区带蛋白质的百分数。也可将染色后的醋酸纤维薄膜透明处理后在扫描光密度计上绘出电泳曲线,并可根据各区带的面积计算各组分的百分数。

【实验器材】

(1) 电泳仪:包括直流电源整流器和电泳槽两个部分。电泳槽用有机玻璃或塑料等制成,它有两个电极,用白金丝制成。

(2) 巴比妥缓冲液(pH 8.6,离子强度 0.06):巴比妥钠 12.76 g,巴比妥 1.68 g,用蒸馏水加热溶解后再加水至 1 000 ml。

(3) 氨基黑 10B(amino black 10B)染色液:氨基黑 10B 0.5 g、甲醇 50 ml、冰醋酸10 ml、蒸馏水 40 ml。

氨基黑 10B:分子式 $C_{22}H_{13}O_{12}N_6S_3Na_3$,分子量(MW)为 715,$\lambda_{max}$ 为 620～630 nm。氨基黑是酸性染料,其磺酸基与蛋白质反应构成复合盐,是最常用的蛋白质染料。但用氨基黑染 SDS-蛋白时效果不好。另外,氨基黑染不同蛋白质时的差色度不等,色调不一(有蓝、黑、棕等),作用于凝胶柱的扫描时误差较大,需要对各种蛋白质作出本身的蛋白质-染料量(吸收值)的标准曲线。

氨基黑钠盐

(4) 漂洗液:95%乙醇 45 ml,冰醋酸 5 ml,蒸馏水 50 ml。

(5) 丽春红 S 染色液。

(6) 3%冰醋酸。

【实验内容和方法】

1. 准备与点样

(1) 醋纤薄膜为 2 cm×8 cm 的小片,在薄膜无光泽面距一端 2.0 cm 处用铅笔画一线,表示点样位置。

(2) 将薄膜无光泽面向下,漂浮于巴比妥缓冲液面上(缓冲液盛于培养皿中),使膜条自然浸湿下沉。

(3) 将充分浸透(指膜上没有白色斑痕)的膜条取出,用滤纸吸去多余的缓冲液,把膜条平铺于平坦桌面上。

(4) 吸取新鲜血清 3~5 μl,涂于 2.5 cm 的载玻片截面处,或用载玻片截面在滴有血清的载玻片上蘸一下,使载玻片末端蘸上薄层血清,然后成 45°角按在薄膜点样线上,移开玻片。

2. 电泳 将点样后的膜条置于电泳槽架上,放置时无光泽面(即点样面)向下,点样端置于阴极。槽架上以两层纱布作桥垫,膜条与纱布需贴紧,待平衡 5 min 后通电,电压为 10 V/cm(指膜条与纱布桥总长度),电流 0.4~0.6 mA/cm 宽,通电 1 h 左右关闭电源。

3. 染色 通电完毕后用镊子将膜取出,直接浸于盛有氨基黑 10B(或丽春红 S)的染色液中,染 5 min 取出,立即浸入盛有漂洗液的培养皿中,反复漂洗数次,直至背景漂净为止,用滤纸吸干薄膜。

4. 定量 取试管 6 支,编号码,分别用吸管吸取 0.4 mol/L 氢氧化钠 4 ml,剪开薄膜上各条蛋白质色带,另于空白部位剪一平均大小的薄膜条,将各条分别浸于上述试管内,不时摇动,使蓝色洗出。约 0.5 h 后,用分光光度计进行比色,波长 650 nm,以空白薄膜条洗出液为空白对照,读取白蛋白(A)、α_1、α_2、β、γ 球蛋白各管的光密度。

5. 计算 光密度总和 $T = A + \alpha_1 + \alpha_2 + \beta + \gamma$,各部分蛋白质的百分数为(附 PI 和 MW):

白蛋白 % = A/T×100% PI 4.88 MW 69 000

α_1 球蛋白 % = α_1/T×100% PI 5.06 MW 200 000

α_2 球蛋白 % = α_2/T×100% PI 5.06 MW 300 000

β 球蛋白 % = β/T×100% PI 5.12 MW 9 000 ~ 150 000

γ 球蛋白 ％ ＝ γ/T×100％　PI 6.85 ～ 7.5　MW 156 000 ～ 300 000

另外,也可将经电泳染色后的干燥薄膜浸于冰醋酸∶95％乙醇(2∶8)溶液中 20 min,取出后将薄膜平贴于玻板上,干燥过程中薄膜渐变透明。此透明薄膜可用扫描光密度计描绘出电泳曲线,并可根据曲线的面积计算各组分的百分数。

- 正常参考值:白蛋白　　57％～72％
  - α₁ 球蛋白　　2％～5％
  - α₂ 球蛋白　　4％～9％
  - β 球蛋白　　6.5％～12％
  - γ 球蛋白　　12％～20％
- 临床意义:肝硬化时白蛋白显著降低,γ 球蛋白升高 2～3 倍;肾病综合征时白蛋白降低,α₂ 和 β 球蛋白升高。

【想一想】

(1) 血清蛋白在醋酸纤维薄膜上可分成 5～7 条区带,每条区带是否分别只代表一种蛋白质?

(2) 用什么方法可证明醋酸纤维薄膜有无电渗作用?

(3) 电场强度愈高,血清蛋白在醋酸纤维薄膜上的泳动率愈高,是否电场愈高愈好?

任务三　DNS-氨基酸的双向聚酰胺薄膜层析

【实验目的】

(1) 掌握:聚酰胺薄膜层析技术的原理;制备聚酰胺薄膜层析技术分离 6 种氨基酸的操作和方法(包括点样、展层和定性);绘制 DNS-氨基酸层析图。

(2) 熟悉:DNS-氨基酸的制备;此薄膜层析方法的流动相和固定相各起的作用。

【实验原理】

聚酰胺薄膜层析是一类较特殊的吸附分配层析。混合物随流动相通过聚酰胺薄膜时,由于被分离的物质与聚酰胺薄膜上的酰胺基团形成氢键,各种物质形成氢键能力的强弱不同,决定了吸附力的差异。吸附力强,展层速度较慢;吸附力弱,展层速度较快。同时,展层溶剂与被分离物质在聚酰胺粒子表面竞争形成氢键,选择适当的展层溶剂,使被分离物质在溶剂与聚酰胺薄膜表面之间的分配系数产生最大差异。一般来讲,易溶于展层剂的所受到的动力作用大,展层速度快;反之速度就慢。通过各物质的吸附力和分配系数不同的原理,使得被分离的物质在聚酰胺薄膜层析中得到分离。

分离物质在聚酰胺薄膜上移动速率用 Rf 值表示:

$$Rf = 原点(点样点)到层析点中心的距离 / 原点到溶剂前沿的距离$$

二甲氨基萘磺酰氯(1 - dimethylaminonaphthalene-5-sulfonyl chloride,简称 DNS-Cl)可与

氨基酸的游离氨基结合成 DNS-氨基酸,反应过程如下:

$$\text{DNS-Cl} + H_2N-\underset{R}{\underset{|}{\overset{H}{\overset{|}{C}}}}-COOH \xrightarrow[\substack{40℃ \\ 30\ min}]{pH\ 9.8} \text{DNS-氨基酸} + HCl$$

DNS-Cl   DNS-氨基酸

　　形成的 DNS-氨基酸在紫外线照射下发出强烈的黄色荧光。因此,可用荧光检测 DNS-氨基酸的存在。此反应的灵敏度高,$10^{-9} \sim 10^{-10}$ g 氨基酸即可检出,比茚三酮的反应灵敏度高 10 倍以上。

　　聚酰胺是一类化学纤维原料。本实验所用的材料是己二酸与己二胺合成的锦纶 66,这类高分子物质中含有大量酰胺基团,故称为聚酰胺。这些酰胺基团上的氨基可与氨基酸中的羧基形成氢键,而酰胺基团的羰基又可与氨基酸中的羟基或酚羟基形成氢键。

聚酰胺   氨基酸

　　由于有些氨基酸的结构很相似(如甘氨酸与丙氨酸、谷氨酸与天冬氨酸),如果只采用一种溶剂系统进行单向层析,仍难达到完全分离的目的。这时,可选择用另一种溶剂系统进行第二向层析,这样可使在第一相中不能分清的 DNS-氨基酸得到分离。这种层析方法成为双向层析。

【实验器材】

(1) 紫外灯、温箱、电吹风、毛细玻璃管和滴管、小试管、层析缸。

(2) 聚酰胺薄膜(4 cm×4 cm)。

(3) 环形针、铅笔、直尺。

(4) pH 试纸(pH 1～14)。

(5) 混合氨基酸溶液:称取甘氨酸、丙氨酸、缬氨酸、苯丙氨酸、脯氨酸及亮氨酸各 5 mg,天冬氨酸 20 mg,丝氨酸、谷氨酸各 40 mg,赖氨酸 50 mg、溶于 10 ml 0.2 mol/L NaHCO₃ 溶液中。

(6) 0.2 mol/L NaHCO₃ 溶液,用去离子水配制,并用 NaOH 调至 pH 9.8。

(7) DNS - Cl 丙酮液:用丙酮(AR)溶解 DNS - Cl,配成 2.5 mg/ml 溶液,密闭置冰箱中保存。

(8) 展层剂:①苯:冰醋酸 9:1(V/V)。②甲酸:水 1.5:100(V/V)。

(9) 其他试剂:1 mol/L HCl, 1 mol/L NaOH,水饱和的乙酸乙酯。

【实验内容和方法】

1. **DNS-氨基酸的制备**　取一支小试管,加入混合氨基酸 5 滴,然后加 DNS - Cl 丙酮液 4 滴摇匀,用软木塞封口,放入 40 ℃ 温箱中保温 30 min。取出后,用电吹风的热风吹出丙酮,再用 1 mol/L HCl 酸化至 pH 2～3(用 pH 试纸,注意用最小体积),如果酸化过分,pH<2～3,可用 1 mol/L NaOH 校回。再加水饱和的乙酸乙酯 6～7 滴摇匀,待分层,上层乙酸乙酯溶液含 DNS-氨基酸,呈黄绿色荧光。

2. **混合 DNS-氨基酸的双向层析**

(1) 点样:取一张 4 cm×4 cm 聚酰胺薄膜,用铅笔轻轻地在右下角距两边 1 cm 处画点作为原点(图 2 - 13 - 1 左),用毛细玻璃管在原点处点上混合 DNS-氨基酸样品,点样的直径控制在 2～3 mm。

(2) 层析:以苯-冰醋酸溶剂系统为第一相层析,将点好样品的薄膜固定在被扳成“八”字形的环形针内,放入苯-冰醋酸展层剂中展层(图 2 - 13 - 1 右)。展层剂前缘达薄膜顶端 2 mm 处即可停止。

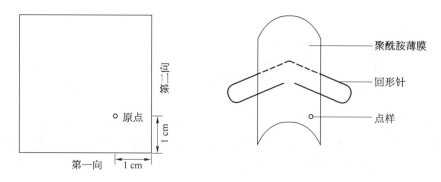

图 2 - 13 - 1　聚酰胺薄膜的点样和层析支架

(3) 第一相层析:用电吹风的冷风吹干膜片,在紫外灯下观察一下层析情况。

(4) 第二相层析:调转 90°与第一相垂直,将环形针固定放入甲酸-水展层剂中,进行第二相层析。

(5) 观察:用电吹风的冷、热风交替吹干,在紫外灯下观察结果,并用铅笔轻轻描出荧光位置。对照图 2 - 13 - 2 中 DNS-氨基酸单向层析的 Rf 值来确定各荧光点分别是哪个氨基酸。

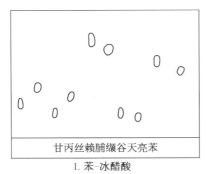
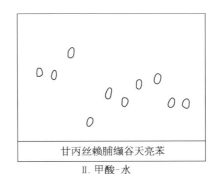

甘丙丝赖脯缬谷天亮苯　　　　　　　　　　甘丙丝赖脯缬谷天亮苯

Ⅰ.苯-冰醋酸　　　　　　　　　　　　　Ⅱ.甲酸-水

图 2-13-2　DNS-氨基酸单向层析图谱

【注意事项】

(1) 在实验操作中应注意不要污染聚酰胺薄膜。

(2) 点样时注意取上层乙酸乙酯层,不要将毛细玻璃管伸到下层水相。严格控制点样位置及点样直径。

(3) 层析时勿将原点浸入溶剂系统,层析薄膜在层析缸内须保持直立状态。

(4) 展层后须用电吹风将薄膜吹干,轻轻地用铅笔描色斑,以免损坏薄膜表面。

【想一想】

(1) 本实验分离混合氨基酸的基本原理是什么? 其中流动相和固定相分别是什么? 各起什么作用?

(2) 本实验操作时需注意哪些问题?

(3) 由标准 DNS-氨基酸单向层析图谱可见,丝氨酸的 Rf 值在甲酸-水溶剂系统中远较苯-冰醋酸溶剂系统中大,为什么?

(4) 本方法能否用于分离核苷及核苷酸,为什么?

任务四　鼠肝 DNA 的制备——苯酚-氯仿提取法

【实验目的】

(1) 掌握:有机溶剂法 DNA 提取技术的原理;DNA 定性及定量分析的原理。

(2) 熟悉:DNA 提取的操作;DNA 定性及定量分析的操作。

【实验原理】

DNA 是储存遗传信息的物质,是遗传的物质基础,它与生命的正常活动如种属遗传、生长发育有密切关系。其结构与功能的研究是当前分子生物学研究的主要内容之一。

核酸广泛存在于生物中,DNA 含有生物体的全部遗传信息,在生物组织中以核蛋白

(DNP)形式存在。真核生物中,DNA主要存在于细胞核中,核外也有少量,如线粒体DNA,称为核外基因。DNA的分子长度一般随生物由低级进化到高级而增加。人类基因组含2.9×10^9 bp。

无论是研究核酸的结构,还是它的功能,首先需要对核酸进行分离与提纯。分离与提纯核酸最基本的要求是保持核酸的完整性及纯度。

要从生物组织中提取DNA,因DNA以DNP形式存在于细胞核中,故首先必须粉碎组织,裂解细胞膜和核膜,使DNP释放出来,再用苯酚提取蛋白质。由于细胞中的核糖核蛋白(RNP)和DNP往往一起被提取,故DNA沉淀中混有RNA,需用核糖核酸酶(RNase)处理,去除RNA,并用蛋白酶将遗留的少量蛋白质水解除去,再经苯酚处理,乙醇沉淀,最后可得到较纯净的DNA。它的纯度可以从260 nm波长处的光密度和280 nm波长处的光密度之比值测知,一般以O. D260 nm/O. D280 nm能达到1.8左右为标准。

分离与提纯过程中保持DNA的完整性和纯度存在许多困难,主要原因有:①细胞内存在很高的DNA酶活性,在分离与提纯过程中会造成核酸的降解。②DNA分子很大,分离过程中因化学因素或物理因素使DNA降解,如强酸、强碱、温度过高或机械张力剪切等。DNA的定量可采用化学的定磷法、定核酸法。目前多数实验室采用紫外分光光度法测定核酸含量,以下公式可作为紫外定量时的参考:

双链DNA含量:　O. D260 nm×样品稀释倍数×50 μg/ml＝　　　μg/ml样品。

【实验器材】

(1) 塑料离心管6支。

(2) 刻度离心管1支。

(3) 滴管:长管1支吸酚、氯仿混合液,中管1支吸乙醇,短(钝口)管1支吸DNA水溶液。

(4) 细玻棒1根。

(5) 移液管1支。

(6) 微量取样器1个。

(7) 手套1副。

(8) 离心机1台。

(9) 紫外分光光度计1个。

(10) 37 ℃水浴、50 ℃水浴。

(11) 组织捣碎器1台。

(12) 电泳仪及电泳槽1组。

(13) 裂解缓冲液:50 mmol/L Tris－HCl, pH7.80; 20 mmol/L EDTA; 0.5%十二烷基硫酸钠(SDS); 0.1 mol/L NaCl(1 mol/L Tris－HCl 50 ml pH7.8, 20%SDS 25 ml, 2 mol/L NaCl 50 ml, 0.5 mol/L EDTA 40 ml,蒸馏水稀释至1 000 ml)。其中,Tris－HCl pH7.8,维持pH恒定,防止DNA变性和水解;EDTA能络合二价金属离子,当Mg^{2+}被络合后,细胞内释放出来的DNA酶的作用被抑制,以避免DNA的降解,同时金属离子络合后,细胞膜的稳定性下降,有利于膜的裂解;SDS有使蛋白质变性的作用,它能破坏膜蛋白的构象,因此使膜裂解,它又能使核蛋白中的核酸与蛋白质解离,并且SDS也具有抑制DNA酶的作用。

(14) 苯酚:重蒸苯酚加入抗氧化剂 8 -羟喹啉 1 mg/ml,用 1 mol/L pH8.0 Tris - HCl 洗一次,再用 0.1 mol/L Tris - HCl pH8.0 洗两次。苯酚 pH 在 7.6～7.8 之间。

(15) 苯酚:氯仿混合液(3:1):苯酚加上等体积氯仿并用水饱和,混合液分层,上层为水相,下层为有机相且带黄色。苯酚和氯仿都是蛋白质变性剂,苯酚使蛋白质变性的作用强于氯仿,但氯仿具有较好的分层作用。

(16) 无水乙醇:DNA 在 pH7.4 条件下分子带负电,在 NaCl 存在条件下,DNA 盐呈电中性,乙醇将 DNA 分子周围的水分夺去,DNA 失水形成白色絮状沉淀。

(17) TE 缓冲液:50 mmol/L Tris - HCl pH7.0, 5 mmol/L EDTA (1 mol/L Tris - HCl pH7.4 10 ml, 0.5 mol/L EDTA,用蒸馏水稀释至 1 000 ml)。

(18) RNase 10 mg/ml:称取 RNase 溶解在 10 mmol/L Tris - HCl pH7.5 和 15 mmol/L NaCl 溶液中使之浓度为 10 mg/ml。100 ℃加温 15 min,使夹杂的少许 DNase 失活,然后慢慢冷却,分装于小管中－20 ℃保存。

(19) 蛋白酶 K(10 mg/ml):－20 ℃保存。蛋白酶 K 的优点是水解能力很强,作用广泛,可与 SDS 及 EDTA 合并使用。

(20) 20% SDS。

(21) 0.5 mol/L EDTA。

【实验内容和方法】

取新鲜鼠肝,用冰生理盐水洗去血水,用滤纸吸干后,在－70 ℃冰箱中保存,用时取出。

(1) 1 g 鼠肝加 10 ml 裂解缓冲液,在组织匀浆器中匀浆约 1 min(30 s×2 次)。

匀浆液经抽提离心后的分层见图 2 - 13 - 3。

(2) 取塑料离心管 1 支加入 1/3 支匀浆液(若匀浆液太稠,则再加入 1 ml TE 缓冲液),再加入等体积苯酚:氯仿混合液轻缓地来回摇动 5 min,抽提,然后离心(10 000 rpm, 5 min),将水相吸入另一干净的离心管中,重复抽提两次。

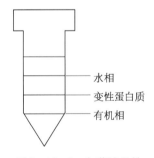

图 2 - 13 - 3　匀浆液经抽提离心后的分层

注意:每次水相时不要将界面上的变性蛋白混入,抽提两次后一般有机相和水相界面上的变性蛋白质极少,肉眼基本看不见。若界面上变性蛋白质仍较多,可增加抽提次数。

(3) 水相加入一刻度离心管后,加入 2.5 倍体积的冰无水乙醇(可用刻度离心管测量体积)。加 5 mol/L NaCl 到终浓度为 0.1 mol/L,在离心管中轻缓地混匀,此时可见白色絮状沉淀,此即 DNA 粗制品。

(4) 用玻棒捞起 DNA 沉淀,放入小烧杯中,用 70%乙醇洗涤沉淀一次,洗涤时动作要轻,防止 DNA 被切断。

(5) 沉淀取出,放入一干净的塑料离心管中,用 1 ml TE 缓冲液溶解。

(6) 在 1 ml DNA 溶液中加入 10 mg/ml RNA 酶 20 μl,使最终浓度达到 200 μg/ml,在 37 ℃水浴中保温 30 min。

（7）加入 20％SDS 25 μl，使最终浓度至 0.5％；加入 0.5 mol/L EDTA 30 μl 至终浓度 20 mmol/L；加 10 mg/ml 蛋白酶 K 20 μl，使最终浓度为 200 μg/ml，在 50 ℃水浴中保温30 min。

（8）加等体积苯酚：氯仿混合液抽提，重复一次，去除蛋白酶 K 及其他残留的蛋白质，至界面无明显的变性蛋白质为止。每次抽提时轻缓地来回摇动 5 min，离心（1 000 rpm，5 min）。吸取水相，至一干净刻度离心管中量出体积，再加入 2.5 倍体积的冰无水乙醇，加 9.5 mol/L NaCl 至终浓度为 0.1 mol/L，混匀后可得较纯的 DNA 沉淀，再用 70％乙醇洗涤沉淀一次。

（9）在一干净的塑料离心管中用 0.3～0.5 ml 缓冲液溶解沉淀，得到提纯的 DNA 原液。

（10）吸取 DNA 原液 100 μl，用 TE 缓冲液稀释至 3 ml（1∶30 稀释）（若 DNA 原液太浓，取原液 50 μl，太稀则取原液 200 μl）。在紫外分光光度计中测定 O. D260 nm 及 O. D280 nm 的读数。计算：O. D260 nm/O. D280 nm 比值、DNA 浓度及 DNA 总量。将剩余原液写上自己的学号，交给带教老师保存，留作 PCR 实验使用。

（11）结果检测：紫外分光光度计检测 A260/A280，A260 为 1 相当于 50 μg 双链 DNA/ml。得到的 A260/A280 应为 1.6～1.9，片段大小为 20～100 kb。得到的 DNA 片段大小取决于提取过程中机械外力对 DNA 的破坏程度。DNAzol 有毒害性，应避免直接接触皮肤和眼睛。

【注意事项】

（1）为尽可能避免 DNA 大分子的断裂，在实验过程中必须做到：①匀浆时应保持低温，匀浆时间应短，勿用玻璃匀浆器。②实验中使用的吸取 DNA 水溶液的滴管管口需粗而短，并烧成钝口。③用苯酚抽提时勿剧烈振摇。

（2）保持 DNA 活性，避免酸、碱或其他变性因素使 DNA 变性。

（3）苯酚是一种强烈的蛋白质变性剂。实验时，应戴手套操作，避免接触皮肤，以免灼伤。苯酚蒸汽的毒性较大，实验中应注意将盛酚试剂的瓶盖好。

（4）离心时要注意管子间的重量平衡。管子要对称放置，当离心达到所需速度后再开始计时。

【想一想】

（1）若样品中有蛋白质存在，其紫外分析结果有何表现？如何进一步纯化？

（2）DNA 的定量可采用哪些方法？目前常用的是哪种？如何测定 DNA 的含量？

（3）从生物细胞中提取 DNA 的主要注意点是什么？应如何控制？

（4）能引起 DNA 变性的因素有哪些？DNA 降解和 DNA 变性有何区别？如何鉴别？

任务五　凝胶柱层析分离鉴定蛋白质

【实验目的】

（1）掌握凝胶柱层析分离技术的原理。

（2）熟悉层析技术的操作。

【实验原理】

利用交联葡聚糖凝胶 G‐50 的凝胶过滤作用,将脲酶(MW 48 000)和胰岛素(MW 5 700)分开,以 Folim-Denis 反应检查流出液中的蛋白质。此反应主要靠蛋白质中的酪氨酸和色氨酸与含磷钼钨酸的酚试剂生成蓝色钼蓝 $Mo_3O_6(2MoO_3MoO_2)$,蓝色深浅与蛋白质含量成正比关系。以纳氏(Nessler)试剂检查脲酶活性,此反应是先将脲酶流出液分解尿素产生氨,而氨可与纳氏试剂作用生成黄色的碘代双汞胺。反应式如下:

$$NH_3 + 2(KI)_2HgI_2 + 3NaOH \longrightarrow Hg_2NH_2I_2 + 3NaI + 4KI + 2H_2O$$
$$\text{碘代双汞胺}$$

【实验器材和用品】

交联葡聚糖凝胶 G‐50、层析柱、小烧杯 2 只、滴管 2 支、橡皮筋和回形针各 1 根、试管 30 支、洗耳球 1 个、试管架 1 个、脲酶试剂[称取脲酶(BR)400 mg 用 0.9% NaCl 为溶剂配制 100 ml,置冰箱中保存]、脲酶与胰岛素混合液[取脲酶液 10 ml 加胰岛素注射液(40 U/ml)1 ml 混匀]、饱和 Na_2CO_3 溶液、0.5% 尿素溶液、市售酚试剂、纳氏试剂、蒸馏水。

【实验内容和方法】

(1) 取直径 0.8~1.2 cm,长度为 25 cm 的层析柱,在上口箍橡皮筋,出口处装上乳胶管,柱内加注蒸馏水 2~3 ml,排出乳胶管内的气泡,抬高乳胶管防止柱内的蒸馏水排空。自顶部缓缓加入经膨胀的葡聚糖 G‐50 悬液。将乳胶管放下,仍继续加入上述悬液至凝胶层沉积至 18 cm 高度即可。操作过程中,应防止气泡与分层现象的发生。让凝胶自然下沉,使表层平整。待凝胶柱层稳定后,以洗脱液(蒸馏水)洗柱 5 min,调节流速至 12~15 滴/min。

(2) 取 15 mm×100 mm 试管 20 支,分成 A、B 两组:A 组编号 A1~A10,B 组编号 B1~B10。

(3) 加样与洗脱:放下乳胶管,使蒸馏水流出,待液面与凝胶表层平齐时,抬高乳胶管(不可使凝胶表层干裂)。用长滴管吸取脲酶与胰岛素的混合液 12 滴,尽量接近凝胶面缓缓加入,勿使凝胶面搅动。放下乳胶管,同时开始用 A 组试管分段收集。待样品完全进入凝胶层内,液面与凝胶表层平齐时,用上法加蒸馏水约 1 ml(蒸馏水不可多,防止样品稀释)。当此少量的蒸馏水液面与凝胶表层平齐时,再加入多量的蒸馏水洗脱。在 A 组每管收集 2 ml,混匀后分别吸取 0.5 ml 于相应管号的 B 组试管中。如此收集 10 管,然后再继续洗脱约 15 ml,以清洗分离柱。抬高乳胶管,防止层析柱内凝胶干裂,柱内加满水(保存备用)。

(4) B 组每管加 2 滴饱和 Na_2CO_3 溶液,混匀,然后逐管加酚试剂 2 滴(随加随摇),稍后观察蓝色的深浅,判断蛋白质含量。取试管,将 B 组第一个峰所对应各 A 管中的溶液再吸出 0.5 ml,编号 C 组。在 C 组每管中各加 0.5% 脲液 1 ml,混匀,置 40 ℃ 水浴中保温 15 min,取出稍冷,逐管各加纳氏试剂 2 滴(随加随摇),稍后观察黄色的深浅,检查 NH_3 含量,比较脲酶活性。

(5) 将层析柱内的凝胶回收入凝胶瓶内。

(6) 用肉眼观察 A 组和 B 组各管颜色的深浅,以"一、±、+、++"等表示,并以此为纵坐标,管号为横坐标作图。

【注意事项】

(1) 在收集过程中,要保持流出液的流速稳定。

(2) 加样时,保持凝胶平面不被搅动。

(3) 液面要始终高于凝胶平面,否则会导致干柱。

(4) 为防止试管内有重金属离子,在实验前用0.1%EDTA二钠浸泡5 min,然后用自来水冲洗,再用蒸馏水少许洗一次。

【想一想】

(1) 在向凝胶柱中加入样品时,为什么必须保持胶面平整? 上样体积为什么不能太大?

(2) 请解释为什么在洗脱样品时流速不能太快或太慢?

(3) 某样品中含有1 mg A蛋白(MW 10 000)、1 mg B蛋白(MW 30 000)、4 mg C蛋白(MW 60 000)、1 mg D蛋白(MW 90 000)、1 mg E蛋白(MW 120 000),采用Sephadex G75(排阻上下限为MW 3 000~70 000)凝胶柱层析,请指出各蛋白质的洗脱顺序。

(4) 还有哪些方法可进行蛋白质脱盐?

(5) 通过实验讨论,哪些因素会影响凝胶层析的分离效果?

任务六 SDS聚丙烯酰胺凝胶电泳测定蛋白质分子量

【实验目的】

(1) 掌握:SDS聚丙烯酰胺凝胶配制和电泳的基本步骤;SDS聚丙烯酰胺凝胶电泳分离测定蛋白质分子量的实验方法。

(2) 了解:SDS聚丙烯酰胺凝胶电泳分离蛋白质的原理。

【实验原理】

聚丙烯酰胺凝胶电泳(PAGE)利用聚丙烯酰胺网状结构,具有分子筛效应的功能,常用于分离蛋白质。SDS是十二烷基硫酸钠(sodium dodecyl sulfate)的英文缩略词,它是一种阴离子表面活性剂,加入到电泳系统中能使蛋白质的氢键、疏水键打开,并结合到蛋白质分子上(在一定条件下,大多数蛋白质与SDS的结合比为1.4 g SDS/1 g蛋白质),使各种蛋白质-SDS复合物都带上相同密度的负电荷,其数量远远超过了蛋白质分子原有的电荷量,从而掩盖了不同种类蛋白质原有的电荷差别。这样就使电泳迁移率只取决于分子大小这一因素,于是根据标准蛋白质分子量的对数和迁移率所作的标准曲线,可求得未知物的分子量。

【实验器材】

(1) 30%分离胶贮存液:30 g丙烯酰胺,0.8 g Bis,用无离子水溶解后定容至100 ml,不溶物过滤去除后置棕色瓶贮于冰箱。

（2）10％浓缩胶贮存液：10 g 丙烯酰胺，0.5 g Bis，用无离子水溶解后定容至 100 ml，不溶物过滤去除后置棕色瓶贮于冰箱。

（3）分离胶缓冲液（Tris - HCl 缓冲液　pH8.9）：取 1 mol/L 盐酸 48 ml，Tris 36.3 g，用无离子水溶解后定容至 100 ml。

（4）浓缩胶缓冲液（Tris - HCl 缓冲液　pH6.7）：取 1 mol/L 盐酸 48 ml，Tris 5.98 g，用无离子水溶解后定容至 100 ml。

（5）电泳缓冲液（Tris -甘氨酸缓冲液　pH8.3）：称取 Tris 6.0 g、甘氨酸 28.8 g、SDS 1.0 g，用无离子水溶解后定容至 1 L。

（6）样品溶解液：取 SDS 100 mg，巯基乙醇 0.1 ml，甘油 1 ml，溴酚蓝 2 mg，0.2 mol/L pH7.2 磷酸缓冲液 0.5 ml，加重蒸水至 10 ml（遇液体样品，浓度增加一倍配制）。用来溶解标准蛋白质及待测固体。

（7）染色液：0.25 g 考马斯亮蓝 R - 250，加入 454 ml 50％甲醇溶液和 46 ml 冰乙酸即可。

（8）脱色液：75 ml 冰乙酸、875 ml 水与 50 ml 甲醇混匀。

（9）10％过硫酸铵溶液，10％SDS 溶液，1％TEMED。

（10）标准蛋白质：溶菌酶（Mr 14 300）、胃蛋白酶（Mr 35 000）、血清白蛋白（Mr 67 000）等。按每种蛋白 0.5～1 mg/ml 配制。可配成单一蛋白质标准液，也可配成混合蛋白质标准液。

（11）DYCZ - 24D 型垂直板电泳槽。

（12）100 ml 烧杯。

（13）微量移液器 2～20 μl，100～1 000 μl。

【实验内容和方法】

1. 安装垂直板电泳槽

（1）将密封用硅胶框放在平玻璃上，然后将凹型玻璃与平玻璃重叠。

（2）用手将两块玻璃板夹住放入电泳槽内，玻璃凹面朝外，插入斜插板。

（3）用蒸馏水试验封口处是否漏水。

2. 制备凝胶板

（1）分离胶制备：取分离胶贮存液 5.0 ml、Tris - HCl 缓冲液（pH8.9）2.5 ml、10％ SDS 0.20 ml、去离子水 10.20 ml、1％TEMED 2.00 ml 置于小烧杯中混匀，再加入 10％ 0.1 ml 过硫酸铵，用磁力搅拌器充分混匀 2 min。混合后的凝胶溶液，用细长头的吸管加至长、短玻璃板间的窄缝内，加胶高度距样品模板梳齿下缘约 1 cm。用吸管在凝胶表面沿短玻璃板边缘轻轻加一层重蒸水（3～4 cm），用于隔绝空气，使胶面平整。分离胶凝固后，可看到水与凝固的胶面有折射率不同的界限。倒掉重蒸水，用滤纸吸去多余的水。

（2）浓缩胶制备：取浓缩胶贮存液 3.0 ml、Tris - HCl 缓冲液（pH6.7）1.25 ml、1％ TEMED 2.00 ml、4.60 ml 去离子水、10％过硫酸铵 0.05 ml，用磁力搅拌器充分混匀。混合均匀后用细长头的吸管将凝胶溶液加到长短玻璃板的窄缝内（及分离胶上方），距短玻璃板上缘 0.5 cm 处，轻轻加入样品槽模板。待浓缩胶凝固后，轻轻取出样品模槽板，用手夹住两块玻璃板,上提斜插板,使其松开,然后取下玻璃胶室,去掉密封用胶框,用1%电泳缓冲液琼脂胶密封底部,再将玻璃胶室凹面朝里置入电泳槽。插入斜插板,将电泳缓冲液加至内槽玻璃凹口以上,将外槽缓冲液加到距平玻璃上沿3 mm处。

3. **样品处理**　各标准蛋白质及待测蛋白质都用样品溶解液溶解,使浓度为0.5 mg/ml,在沸水浴加热3 min,冷却至室温备用。处理好的样品液若经长期存放,使用前应在沸水浴中加热1 min,以消除亚稳态聚合。

4. **加样**　一般加样体积为10～15 μl(即2～10 μg蛋白质)。如果样品较稀,可增加加样体积。用微量注射器小心地将样品通过缓冲液加到凝胶凹形样品槽底部,待所有凹形样品槽内都加了样品,即可开始电泳。

5. **电泳**　将直流稳压电泳仪开关打开,开始时将电流调至10 mA,待样品进入分离胶时,将电流调至20～30 mA。当蓝色染料迁移至底部时,将电流调回到零,关闭电源。拔掉固定板,取出玻璃板,用刀片轻轻将一块玻璃撬开移去,在胶板一端切除一角作为标记,将胶板移至大培养皿中染色。

6. **染色及脱色**　将染色液倒入培养皿中,染色1 h左右,用蒸馏水漂洗数次,再用脱色液脱色,直到蛋白质区带清晰,即可计算相对迁移率(图2-13-4)。

7. **结果处理**　测量由点样孔至溴酚蓝及蛋白质带的距离(mm),计算相对迁移率(Rf)。公式如下:

Rf = 样品移动距离(mm)/溴酚蓝移动距离(mm)

以标准蛋白质分子量的对数做纵坐标,相对迁移率做横坐标制作标准曲线。根据样品蛋白质的相对迁移率从标准曲线上查出其分子量。

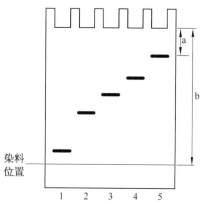

图2-13-4　标准蛋白质在SDS-凝胶上的示意图

【**注意事项**】

(1) 用SDS-凝胶电泳法测定分子量时,每次测量样品都必须同时作标准曲线,而不得利用另一次电泳的标准曲线。

(2) 因SDS可吸附考马斯亮蓝染料,染色前先用脱色液浸泡凝胶,洗去SDS。可使染色及脱色时间缩短,并使蛋白质带染色而背景不染色。

(3) 若样品为水溶液,则需将样品溶解液的浓度提高一倍,然后与等体积样品溶液混合。

【**想一想**】

(1) 用SDS-凝胶电泳法测定蛋白质分子量时为什么要用巯基乙醇?

(2) 是否所有的蛋白质都能用SDS-凝胶电泳法测定其分子量? 为什么?

任务七　质粒 DNA 限制性酶切及琼脂糖 凝胶电泳分离鉴定

【实验目的】

(1) 掌握:DNA 限制性酶切的实验步骤;琼脂糖凝胶的配制及其电泳的实验步骤;电泳后凝胶染色及条带鉴定的方法。

(2) 了解:DNA 限制性酶切的原理。

【实验原理】

限制性内切酶能特异地结合于一段被称为限制性酶识别序列的 DNA 序列之内或其附近的特异位点上,并切割双链 DNA,如 EcoR I 识别 6 个核苷酸序列:$5'-G\downarrow AATTC-3'$。限制性内切酶在分子克隆中得到广泛应用,是 DNA 重组技术的基础。

琼脂糖凝胶电泳是分离鉴定和纯化 DNA 片段的标准方法,可以快速分辨用其他方法(如密度梯度离心法)所无法分离的 DNA 片段。当用低浓度的荧光嵌入染料溴化乙锭(EB)染色时,在紫外光下至少可以检出 $1\sim10$ ng 的 DNA 条带,从而可以确定 DNA 片段在凝胶中的位置。此外,还可以从电泳后的凝胶中回收特定的 DNA 条带,用于以后的克隆操作。

【实验器材】

1. $10\times$TBE 缓冲溶液(0.89 mol/L Tris、0.89 mol/L 硼酸、0.025 mol/L EDTA 缓冲溶液):取 108 g Tris,55 g 硼酸和 9.3 g EDTA($EDTANa_2 \cdot 2H_2O$)溶于水,定容至 1 000 ml,调 pH 为 8.3。作为电泳缓冲溶液时应稀释 10 倍。

2. $6\times$电泳加样缓冲液:0.25%溴酚蓝、40%(W/V)蔗糖水溶液,贮存于 4 ℃。

3. 溴化乙锭(EB)溶液母液:将 EB 配制成 10 mg/ml,用铝箔或黑纸包裹容器,储于室温即可。

4. λDNA。

5. 重组 pUC19 质粒。

6. EcoR I 酶及其酶切缓冲液。

7. Hind III 酶及其酶切缓冲液。

8. 琼脂糖。

9. 仪器:电泳仪、台式高速离心机、恒温水浴锅、微量移液器、微波炉、琼脂糖凝胶成像系统。

【实验内容和方法】

1. DNA 酶切反应

(1) 用微量移液枪向灭菌的 eppendorf 管分别加入 DNA 1 μg 和相应的限制性内切酶反应

10×缓冲液 2 μl,再加入去离子水,使总体积为 19 μl,将管内溶液混匀后加入 1 μl 酶液。用手指轻弹管壁使溶液混匀,也可用微量离心机甩一下,使溶液集中在管底。

(2) 混匀反应体系后,将 eppendorf 管置于适当的支持物上(如插在泡沫塑料板上),在 37 ℃水浴中保温 2~3 h,使酶切反应完全。

(3) 每管加入 2 μl 0.1 mol/L EDTA(pH8.0),混匀,以停止反应,置于冰箱中保存备用。

2. **DNA 分子量标准的制备**　采用 EcoR I 或 Hind III 酶解所得的 λDNA 片段作为电泳时的分子量标准。λDNA 为长度约 50 kb 的双链 DNA 分子,其商品溶液浓度为 0.5 mg/ml,酶解反应操作见上文。Hind III 切割 DNA 后得到 8 个片段,长度分别为 23.1、9.4、6.6、4.4、2.3、2.0、0.56 和 0.12 kb。EcoR I 切割 1 DNA 后得到 6 个片段,长度分别为 21.2、7.4、5.8、5.6、4.9 和 2.5 kb。

3. **琼脂糖凝胶的制备**

(1) 取 10×TBE 缓冲液 20 ml 加水至 200 ml,配制成 1×TBE 稀释缓冲液,待用。

(2) 胶液的制备:称取 0.4 g 琼脂糖,置于 200 ml 锥形瓶中,加入 50 ml 0.5×TBE 稀释缓冲液,放入微波炉里加热至琼脂糖全部熔化,取出摇匀,此为 0.8%琼脂糖凝胶液。

(3) 胶板的制备:将有机玻璃胶槽置于水平支持物上,插上样品梳子,注意观察梳子齿下缘应与胶槽底面保持 1 mm 左右的间隙。向冷却至 50~60 ℃的琼脂糖胶液中加入溴化乙啶溶液其终浓度为 0.5 μg/ml(也可不把溴化乙啶加入凝胶中,而是电泳后再用 0.5 μg/ml 的溴化乙啶溶液浸泡染色)。用移液器吸取少量融化的琼脂糖凝胶封有机玻璃胶槽两端内侧,待琼脂糖溶液凝固后将剩余的琼脂糖小心地倒入胶槽内,使胶液形成均匀的胶层。倒胶时的温度不可太低,否则凝固不均匀;速度也不可太快,否则容易出现气泡。待胶完全凝固后拨出梳子,注意不要损伤梳底部的凝胶,然后向槽内加入 0.5×TBE 稀释缓冲液,至液面恰好没过胶板上表面。

(4) 加样:取 10 μl 酶解液与 2 μl 6×加样缓冲液混匀,用微量移液枪小心地加入样品槽中。若 DNA 含量偏低,则可依上述比例增加上样量,但总体积不可超过样品槽容量。每加完一个样品要更换枪头,以防止互相污染。注意上样时要小心操作,避免损坏凝胶或将样品槽底部凝胶刺穿。

(5) 电泳:加完样后,接通电源。控制电压保持在 60~80 V,电流在 40 mA 以上。当溴酚蓝条带移动到距凝胶前沿约 2 cm 时,停止电泳。

(6) 染色:未加 EB 的胶板在电泳完毕后移入 0.5 μg/ml 的 EB 溶液中,室温下染色 20~25 min。

(7) 观察和拍照:在波长为 254 nm 的长波长紫外线灯下观察染色后的或已加有溴化乙啶的电泳胶板。DNA 存在处显示出肉眼可辨的荧光条带。

【注意事项】

(1) 酶切时所加的 DNA 溶液体积不能太大,否则 DNA 溶液中其他成分会干扰酶反应。

(2) 酶活力通常用酶单位(U)表示,酶单位的定义是:在最适反应条件下,1 小时完全降解 1 μg λDNA 的酶量为一个单位。但是许多实验制备的 DNA 不像 λDNA 那样易于降解,需适当增加酶的使用量。反应液中加入过量的酶是不合适的,除考虑成本外,酶液中的微量杂质可能干扰随后的反应。

（3）市场销售的酶一般浓度很大，为节约起见，使用时可事先用酶反应缓冲液（1×）进行稀释。另外，酶通常保存在 50% 的甘油中，实验中，应将反应液中甘油浓度控制在 1/10 之下，否则，酶的活性将受影响。

（4）观察 DNA 离不开紫外透射仪，可是紫外光对 DNA 分子有切割作用。从胶上回收 DNA 时，应尽量缩短光照时间，并采用长波长紫外线灯（300～360 nm），以减少紫外光切割 DNA。

（5）溴化乙啶是强诱变剂并有中等毒性，配制和使用时都应戴手套，并且不要把溴化乙啶洒到桌面或地面上。凡是沾污了溴化乙啶的容器或物品必须经专门处理后才能清洗或丢弃。

（6）当溴化乙啶太多、胶染色过深、DNA 带看不清时，可将胶放入蒸馏水中冲泡，30 min 后再观察。

【想一想】

（1）琼脂糖凝胶电泳中 DNA 分子迁移率受哪些因素影响？

（2）如果一个 DNA 酶解液在电泳后发现 DNA 未被切，你认为可能是什么原因？

下篇
综合性实验

综 合 性 实 验

任务一 神经干复合动作电位与骨骼肌收缩的关系

【实验目的】

借助于生物信号采集系统的多通道同时记录,利用生物电放大器引导神经干复合动作电位;使用机械-电换能器来获得骨骼肌的收缩曲线,通过两者对照,分析其产生的机制和特点。

【实验原理】

骨骼肌纤维受运动神经纤维的控制,神经纤维受到刺激后,其兴奋沿神经纤维以动作电位的形式传导到相应的肌纤维,通过兴奋-收缩耦联,引起肌纤维收缩或舒张。神经纤维的兴奋表现为细胞膜上的生物电-动作电位的产生和传导,随后,肌细胞产生收缩,反映在张力和长度的变化上。两者产生的机制和表现形式均不相同。

【实验对象】

蟾蜍。

【实验器材】

蛙手术器械、生物信号采集系统主机、机械-电换能器、生物电放大器、桥式放大器、铁架台、肌槽、林格液。

【实验内容和方法】

1. **标本制备** 蟾蜍坐骨神经标本制备方法参见蟾蜍神经肌肉标本的制备,标本浸在林格液中约 5 min,待其兴奋性稳定后实验。

2. **仪器装置** 神经干复合动作电位与骨骼肌收缩实验的仪器连接见图 3 - 14 - 1。

3. **观察项目**

(1) 神经干复合动作电位和骨骼肌单收缩与刺激强度的关系:单次刺激,逐渐增大刺激强度,记录神经干复合动作电位(分辨刺激伪迹和复合动作电位)和腓肠肌的收缩曲线,他们随刺激强度的增大而变化,并记下波宽 0.1 ms 时的阈刺激和最大刺激强度数值。

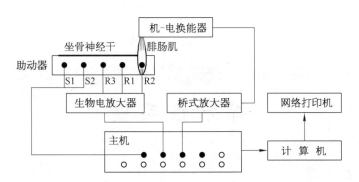

图 3 - 14 - 1   神经干复合动作电位与骨骼肌收缩实验框图

(2) 以最大刺激强度单次刺激标本。测量神经干复合动作电位以及腓肠肌单收缩的潜伏期、时程和幅度。比较神经干复合动作电位和腓肠肌单收缩的潜伏期、时程的差异。

(3) 记录骨骼肌收缩期复合和舒张期复合的曲线：双次刺激标本，逐渐增大刺激频率，使第二次刺激分别落在第一个收缩波的舒张期和收缩期。注意观察收缩产生复合的同时神经干复合动作电位有何变化？

(4) 记录骨骼肌的不完全强直收缩和完全强直收缩的曲线：连续刺激标本，逐渐增大刺激频率，使骨骼肌的收缩表现为不完全强直收缩和完全强直收缩。

(5) 打印上述实验结果。

【注意事项】

(1) 分离坐骨神经时，避免过度牵拉神经，绝对不允许用手或镊子夹神经。

(2) 股骨要牢固地固定在肌槽的小孔中。

(3) 坐骨神经要与刺激电极和记录电极紧密接触，但不要损伤神经。

(4) 防止神经、肌肉标本干燥，需经常在神经和肌肉上滴加林格液。

(5) 长时间刺激标本可能使骨骼肌的收缩能力下降，因此每个步骤后应让肌肉休息片刻。

(6) 把腓肠肌悬挂在换能器上的棉线应松紧适中，不要过长，并和换能器平面保持垂直。

(7) 实验的采样速度较快，为避免过度消耗硬盘和内存，不要长时间记录。

【想一想】

(1) 为什么骨骼肌收缩时可以发生收缩波的复合，而神经干动作电位却没有复合现象？

(2) 如何区别动作电位和刺激伪迹？

任务二   不同因素对离体心脏活动的影响

【实验目的】

运用离体蛙心灌流的方法，通过多通道记录来观察灌流液中离子浓度的变化对心肌收缩、心率和心电图的影响。

【实验原理】

细胞膜离子通透性的变化以及由此出现的离子顺浓度差的跨膜扩散是可兴奋细胞产生生物电活动的根本原因。因此心肌细胞膜外离子浓度的改变,对心肌细胞的生物电活动和生理特性必然会产生明显的影响。

【实验对象】

蟾蜍。

【实验器材】

生物信号采集系统主机、生物电放大器、引导电极、桥式放大器、张力换能器、蛙手术器械、铁架台、蛙心插管、蛙心夹、林格液、0.65％NaCl、3％CaCl₂、1％KCl、维拉帕米(异搏定)、3％乳酸、普萘洛尔(心得安)(0.5 mg/ml)、2.5％NaHCO₃、1∶10 000 肾上腺素、1∶10 000 乙酰胆碱、1∶20 000 阿托品。

【实验内容和方法】

1. **标本制备** 参见"蛙心灌流"。

2. **仪器装置** 用蛙心夹夹住心尖,参照图 3-14-2 连接到张力换能器上。将心电图记录电极的正极、负极和接地电极分别安放在心尖、心房和周围其他组织上。电极用支架固定,以防止电极脱落。

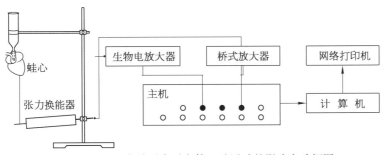

图 3-14-2 多种因素对离体心脏活动的影响实验框图

3. **观察项目** 每个实验步骤中都要加上适当的标注,以利于实验结束后实验数据的统计和分析。

(1) 观察、记录和测量正常林格液情况下的离体心脏的心电图、心率和收缩曲线,包括基线的漂移、收缩幅度的变化、收缩频率的改变、心率、心电图各个波形、S-T 段水平以及 Q-T 间期的变化。

(2) 吸出插管内的全部林格液,换成 0.65％的 NaCl 溶液,观察、记录和测量各曲线的变化情况。待效应明显后,立即用新鲜林格液换洗 2~3 次,在曲线恢复正常后,再进行下一步的实验。

(3) 在林格液中滴加 1~2 滴维拉帕米(0.625 mg/ml),观察肌肉的收缩力量和心电图的变化,出现效应后,用新鲜林格液换洗 2~3 次。

(4) 在林格液中滴加 1~2 滴 3%$CaCl_2$ 溶液,观察、记录和测量各曲线的变化。一旦出现效应,立即滴加 3~4 滴维拉帕米(0.625 mg/ml),比较加入维拉帕米前后收缩和心电图的变化。用新鲜林格液换洗 2~3 次。

(5) 在林格液中滴加 1~2 滴 1%KCl 溶液,观察收缩和心电图的变化,特别是心电图中 T 波、Q-T 间期和 ST 段的变化情况。用新鲜林格液换洗 2~3 次。

(6) 在林格液中滴加 1~2 滴 1:10 000 肾上腺素溶液,观察心脏收缩、心率和心电图的变化,出现效应后,加入 2~3 滴普萘洛尔(0.5 mg/ml),观察心脏曲线的变化。用新鲜林格液换洗 2~3 次。

(7) 在林格液中滴加 1~2 滴 1:10 000 乙酰胆碱,观察收缩、心率和心电图的变化,用新鲜林格液换洗 2~3 次。

(8) 在林格液中同时滴加 1~2 滴 1:10 000 乙酰胆碱与 1:20 000 阿托品,观察心脏收缩、心率和心电图的变化,用新鲜林格液换洗 2~3 次。

(9) 在林格液中同时滴加 1~2 滴 3%乳酸,出现效果后,再滴加 2.5% $NaHCO_3$,记录用药前后的变化。

(10) 打印上述实验结果。

【注意事项】

(1) 心室插管时不可硬插,以免戳穿心壁,而应顺着主动脉走向并在心室收缩时插入。

(2) 摘出心脏时,尽量多留些组织,以免损伤静脉窦。

(3) 每个观察项目前后都要用林格液进行对照记录。

(4) 各种药液的滴管要专用,不可混淆。每次加液量不可过多,以刚能引起效应为度。

(5) 每次加药后最好用洗净的细玻棒搅动几下,以免药液浮在上层,不易进入心脏。

(6) 观察每个实验项目时插管内的液面高度,应保持一致。

(7) 引导心电图三个电极的位置形成一个三角形。

(8) 放置电极时,应注意正极放置在心尖,负极放置在心房。接地电极放置于邻近组织时不要触及静脉窦。

【想一想】

(1) 记录的心电图波形和心脏的收缩之间有什么关系?

(2) 细胞外液低钠时,为何会使心电图的波形如 QRS 波及 T 波发生改变?

(3) KCl 和 $CaCl_2$ 都可能造成心脏停搏,这两种溶液对心脏的作用有什么不同?为何它们都会引起 Q-T 间期的变化?

(4) 分析 H^+ 引起心率减慢、收缩变小的原因。

(5) 试述肾上腺素和乙酰胆碱改变心脏收缩功能的机制。

任务三 不同因素对家兔心血管和呼吸运动的影响

【实验目的】

学习哺乳类动物急性实验的常规操作(动物麻醉、手术前固定、手术器械的正确使用、血管与神经的分离、动脉插管、气管插管等技术),掌握动脉血压的直接测量法和呼吸运动的间接测量法。观察某些重要的神经、体液因素对动脉血压和呼吸的作用,以及两个系统功能间的相互影响。

【实验原理】

正常情况下,机体的动脉血压保持相对恒定。这种恒定是通过神经体液调节实现的。神经调节主要是心血管反射,其中最重要的是颈动脉窦和主动脉弓压力感受性反射。体液调节最主要的是儿茶酚胺类激素(如肾上腺素和去甲肾上腺素)。同时,机体又是各个系统相互影响的整体,除心血管调节外,还可伴随其他系统的改变,如呼吸系统、泌尿系统等。

【实验对象】

家兔。

【实验器材】

生物信号采集系统主机、呼吸换能器、血压换能器、生物电放大器、兔板、手术器械、注射器、手术照明灯、纱布、动脉夹、动脉插管、气管插管、刺激保护电极、1%戊巴比妥钠、生理盐水、1 250 U/ml肝素、1∶10 000去甲肾上腺素、1∶10 000盐酸肾上腺素、0.25%酚妥拉明、0.1%普奈洛尔、0.005%异丙肾上腺素、0.1%乙酰胆碱、0.1%阿托品、3%乳酸、生理盐水等。

【实验内容和方法】

1. 动物准备

(1)家兔捉持、称重和麻醉:捉持家兔并称重。以1%戊巴比妥钠溶液每公斤体重3 ml,从远离耳根部位的耳缘静脉中缓慢注射,麻醉家兔。注射时密切观察动物的呼吸、心跳、肌张力、瞳孔反射等,以防麻醉过深而死亡。麻醉后,将家兔仰卧于兔板上,四肢和门牙用绳子固定。注意颈部必须放正拉直,以利于手术。

(2)颈部剪毛、手术以及分离颈总动脉、神经和气管:剪去颈部手术野的兔毛,剪下的兔毛应及时放入盛水的杯中浸湿,以免到处飞扬。在甲状软骨下缘沿正中线用手术刀切开皮肤,切口5~7 cm。用止血钳逐层分离皮下组织和肌肉,暴露气管。在气管两侧深层,找到颈总动脉鞘内的颈总动脉,颈总动脉鞘内还有三根神经,最粗的是迷走神经,其次是交感神经,减压神经最细。在打开颈总动脉鞘前先仔细分辨这三根神经。用玻璃分针游离右侧迷走神经、左侧三根神经以及颈总动脉,用不同颜色的棉线穿线备用。每条神经和颈总动脉分离2~3 cm。注意不要过度牵拉和钳夹神经,以免神经受损。右侧颈总动脉分离约5 cm,下穿两根线,分别用于结扎和固定动脉插管。分离气管,在气管下穿线备用。

(3) 气管插管:在气管靠近头端用剪刀剪一倒"T"形切口,插入气管插管,用线固定,以保证家兔呼吸通畅。

(4) 动脉插管:插管前检查插管的开口处是否光滑,以防插入后戳破血管。在插管内灌注生理盐水,再注入1 ml左右1 250 U/ml的肝素溶液,以防凝血。排净管内气泡。将右颈总动脉的远心端结扎(注意分支的甲状腺动脉,可两端结扎后剪断)。用动脉夹夹住颈总动脉的近心端,在结扎处和动脉夹之间,距离应在3 cm左右,便于插管。用锋利的眼科剪在靠近远心端结扎处向下作一斜形切口,约为管径的一半。然后将动脉插管向心脏方向插入颈总动脉,用已穿好的棉线结扎,并缚紧固定于插管的侧管上。保持插管和动脉的方向一致,防止血管壁被插管刺破。打开动脉夹,即可见血液冲入动脉插管中。打开输液开关,血液的动脉压作用于血压换能器,即可记录血压的波动。

(5) 心电图电极放置:在家兔的右上肢、左右下肢上插入针式电极,分别与生物电放大器的负极、正极和接地极相连,引导家兔的Ⅱ导联心电图。

(6) 呼吸换能器的放置:将呼吸换能器与气管插管的一端连接,通过测量气体流速反映呼吸运动。

2. 仪器准备 按照图3-14-3连接仪器。

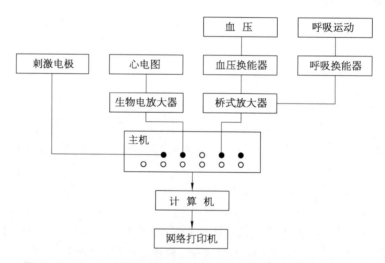

图3-14-3 心血管系统的调节及与呼吸系统的相互影响实验框图

3. 观察项目 每个实验步骤中都要加上适当的标注,以利于实验结束后数据的统计和分析。

(1) 观察并同时记录正常动脉血压、心电图和呼吸波。在动脉血压波动中辨认心搏波(Ⅰ级波)和呼吸波(Ⅱ级波)。

(2) 用动脉夹夹闭左侧颈总动脉5~10 s,然后松开动脉夹。记录夹闭和放松颈总动脉前后的动脉血压、心电图和呼吸波。

(3) 用刺激保护电极勾在左侧减压神经上,对减压神经进行刺激,观察和记录刺激前后各通道的波形变化。

(4) 在气管插管上接一根约 50 cm 长的橡皮管,把插管的侧支堵住,使家兔只能通过加长的橡皮管呼吸。观察和记录刺激前后各通道的波形变化。

(5) 通过插管灌入高浓度 CO_2,观察和记录刺激前后各通道的波形变化。

(6) 从耳缘静脉快速注射 3% 乳酸 1 ml,观察和记录刺激前后各通道的波形变化。

(7) 先观察比较两耳的血管网情况(包括血管网数目和充血情况),结扎左侧交感神经,在靠中枢端(脊髓胸段)剪断交感神经,等待片刻,比较两耳血管网情况。最后,用连续电刺激对左侧交感神经的外周端进行刺激,再比较两耳血管网的扩张充血情况。

(8) 快速抬起家兔的头部,维持 2~5 s,观察和记录刺激前后各通道的波形变化,然后将动物放平。快速抬起家兔的后肢,维持 2~5 s,观察和记录刺激前后各通道的波形变化。

(9) 药物对血压的影响:待血压稳定后,依次自耳缘静脉注射下列药物,观察血压变化(可根据课时情况选择其中部分项目)。

1) 1∶10 000 去甲肾上腺素 0.1 ml/kg,观察和记录刺激前后各通道的波形变化。

2) 1∶10 000 盐酸肾上腺素 0.1 ml/kg,观察和记录刺激前后各通道的波形变化。

3) 0.25% 酚妥拉明 0.1 ml/kg,观察和记录刺激前后各通道的波形变化。

4) 1∶10 000 盐酸肾上腺素 0.1 ml/kg,观察和记录刺激前后各通道的波形变化。

5) 1∶10 000 去甲肾上腺素 0.1 ml/kg,观察和记录刺激前后各通道的波形变化。

6) 0.005% 异丙肾上腺素 0.05 ml/kg,观察和记录刺激前后各通道的波形变化。

7) 0.1% 普萘洛尔 0.5 ml/kg,观察和记录刺激前后各通道的波形变化。

8) 0.1% 乙酰胆碱 0.05 ml/kg,观察和记录刺激前后各通道的波形变化。

9) 0.1% 阿托品 2 ml/kg,观察和记录刺激前后各通道的波形变化。

(10) 结扎左侧迷走神经,剪断靠近中枢端,观察和记录此时的动脉血压、心电图和呼吸波;然后用刺激保护电极刺激左迷走神经的外周端(近心端),观察和记录此时的动脉血压、心电图和呼吸波。再结扎右侧迷走神经,靠近中枢端剪断,观察和记录各通道的波形变化;然后用刺激保护电极刺激右迷走神经的外周端(近心端),观察和记录刺激前后各通道的波形变化。

(11) 待各项实验步骤完成后,选取各实验步骤的波形,打印实验结果。

【注意事项】

(1) 麻醉要适量。过浅,兔子会挣扎;过深则反射不灵敏,且容易引起家兔死亡。

(2) 动脉插管要与动脉方向保持一致,既可使血液压力顺利传送到血压换能器,又可防止插管刺破血管。

(3) 观察完每一项实验后,必须等到血压基本恢复正常后,再进行下一个实验项目。

(4) 分离神经要用玻璃分针,不能牵拉神经使神经受损。

(5) 经常用生理盐水湿润神经,以免影响刺激效果。

【想一想】

(1) 由耳缘静脉注射 1∶10 000 去甲肾上腺素 0.1~0.2 ml,分析动脉血压和心率的变化。

(2) 分析结扎、剪断迷走神经以及电刺激迷走神经外周端时,动脉血压和呼吸发生改变的机制。

任务四　呼吸运动的调节

【实验目的】

通过记录膈肌放电和呼吸运动的幅度和频率的变化,了解体内某些因素对呼吸运动的影响。

【实验原理】

呼吸运动是一种节律性的运动,其原因是呼吸中枢产生节律性兴奋,通过脊髓发出的膈神经及肋间神经将冲动传导到膈肌和肋间外肌,使之产生节律性的收缩和舒张,形成呼吸运动。呼吸运动经呼吸中枢的控制随着机体代谢的需要而产生适应性变化,从而使血液中二氧化碳和氧含量维持于正常水平。

【实验对象】

家兔。

【实验器材】

生物信号采集系统主机、生物电放大器、桥式放大器、呼吸换能器、引导电极、兔板、注射器、针头、手术器械、绳、1%戊巴比妥钠、3%乳酸、5%碳酸氢钠、生理盐水、二氧化碳、1%盐酸吗啡、25%尼可刹米、50 cm 长的橡皮管、气管插管、20%葡萄糖溶液。

【实验内容和方法】

1. 动物准备

(1) 家兔的捉持、称重和麻醉:捉持家兔并称重。以 1%戊巴比妥钠溶液每公斤体重 3 ml,从远离耳根部位的耳缘静脉中缓慢注射,麻醉家兔。注射时密切观察动物的呼吸、心跳、肌张力、角膜反射等,以防麻醉过深而死亡。麻醉后,将家兔仰卧于兔板上,四肢和门牙用绳子固定。注意颈部必须放正拉直,以利于手术。

(2) 颈部剪毛、手术以及分离气管和迷走神经:剪去颈部手术野的毛,剪下的毛应及时放入盛水的杯中浸湿,以免到处飞扬。在甲状软骨下缘沿正中线用手术刀切开皮肤,切口 5~7 cm。用止血钳逐层分离皮下组织和肌肉,暴露气管。在气管两侧深层,找到颈总动脉鞘内的迷走神经(是三根神经中最粗而亮的那根),用玻璃分针分别游离两侧颈总动脉鞘内的迷走神经 2~3 cm 长,用棉线穿线备用。注意不要过度牵拉和钳夹神经,以免神经受损。游离气管约 3 cm 长,在气管下穿线备用。

(3) 气管插管:在气管靠近头端用剪刀剪一倒"T"形切口,插入气管插管,用线固定,保证家兔呼吸通畅,以防窒息。

(4) 胸腹部手术:在胸部剑突处剪毛,切开皮肤、肌肉和腹膜,找到剑突,向外翻起剑突,把引导电极插入剑突根部边缘的膈肌中(膈肌为鲜红色,呈倒"八"字形附着在剑突的根部),用动脉夹固定引导电极。将接地电极夹在手术切口的皮肤上。

(5) 呼吸换能器的放置:把呼吸换能器与气管插管的一端相连,换能器通过测定气体流速来反映呼吸运动。

2. **仪器准备**

按照图3-14-4连接生物信号采集系统主机、生物电放大器和呼吸换能器等。

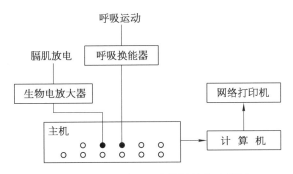

图3-14-4　呼吸运动的调节实验框图

3. **观察项目**　每个实验步骤中都要加上适当的标注,以利于实验结束后数据的统计和分析。

(1) 开始采样,观察和记录正常麻醉状态下的呼吸波和膈肌放电波。注意呼吸频率、呼吸幅度与膈肌放电波形的关系。

(2) 增加吸入气中二氧化碳的浓度:将装有二氧化碳的球胆通过一根细塑料管插入气管插管的一端,打开球胆管上的夹子,使二氧化碳随兔子的吸气进入体内。观察和记录高浓度二氧化碳对呼吸运动的影响。然后撤掉球胆,观察和记录兔子呼吸的恢复情况。

(3) 增大无效腔对呼吸的影响:在"Y"形的气管插管一端,接上50 cm长的橡皮管。堵住插管的另一侧,使动物通过橡皮管呼吸,观察和记录呼吸波和膈肌放电的变化。然后去掉橡皮管,观察和记录兔子呼吸的恢复情况。

(4) 增加血液中酸性物质对呼吸的影响:用5 ml注射器,从耳缘静脉中快速注射5%碳酸氢钠6 ml,观察和记录呼吸波和膈肌放电的变化。

(5) 增加血液中碱性物质对呼吸的影响:用10 ml注射器,从耳缘静脉中快速注射3%乳酸1 ml,观察和记录呼吸波和膈肌放电的变化。

(6) 注入吗啡和尼可刹米。在耳缘静脉中快速注射1%盐酸吗啡0.6 ml/kg,3～5 min后待呼吸抑制明显时,在耳缘静脉中注射20%尼可刹米0.2 ml/kg,观察呼吸及膈肌放电变化。

(7) 迷走神经对呼吸的影响:先记录一段时间的呼吸波和膈肌放电波,然后切断一侧迷走神经,观察和记录呼吸波和膈肌放电的变化。一段时间后,观察呼吸运动是否恢复。再快速切断另一侧迷走神经,观察和记录呼吸波和膈肌放电的变化,同样观察一段时间,看这种呼吸运动的变化是否能恢复。

（8）抬高兔头呈 30°,用 2 ml 注射器抽取 20％葡萄糖溶液 1～2 ml,将针头插入气管,于 5 min 内缓慢匀速滴入,观察家兔口唇黏膜颜色、呼吸频率和幅度的变化。

（9）待各项实验步骤完成后,打印实验结果。

3. 注意事项

（1）麻醉动物时,注射缓慢,同时观察动物的呼吸、心跳、肌张力、角膜反射,以防麻醉过深而死亡。

（2）颈部手术,皮肤切开后不能再用手术刀,改用止血钳沿肌肉和血管走向分离,注意不要伤及血管而导致大出血。

（3）胸腹部手术时,切口尽量小,避免损伤腹腔内脏器或引起气胸。

（4）引导电极用动脉夹固定,否则容易随动物呼吸时胸廓的起伏而滑脱。

（5）动物四肢绑扎要牢固。在注射乳酸时动物易挣扎,要防止家兔挣脱。

【想一想】

（1）分析二氧化碳、无效腔、乳酸和迷走神经引起呼吸变化的原因。

（2）吸入纯氮或吸入高浓度 CO_2,哪种情况对呼吸运动的影响大,为什么?

设 计 性 实 验

【实验目的】

　　检查学生对已学知识的掌握和综合运用能力,以及学生的实验操作能力。通过实验设计使学生熟悉进行实验验证和科学研究的基本要求和一般程序,培养学生独立解决实际问题的能力和严谨的科学思维能力。

　　具体操作中,以动物为实验对象,依托生物信号采集系统,同时开展多参数多器官系统实验,进行多功能学科(正常生理、病理生理和药理)的整合性实验。例如,同时采样记录动物的心血管系统、呼吸系统、泌尿系统等多系统参数,通过各系统参数的有机组合,辅以各种实验手段和措施(如人为建立病理模型、病理模型的药物治疗等),可明确所设计课题中动物的正常生理过程、病理变化和药物治疗效果。

【实验要求】

　　根据实验室现有的实验条件(仪器设备和试剂药品),运用所学的基本理论知识和实验方法,对本学期生理实验中观察到的某些实验结果,作进一步的观察和分析或验证某方面的理论。

【实验步骤】

(1) 以实验小组为单位,通过讨论,写出实验设计的方案。方案包括以下内容:

1) 实验名称。

2) 理论依据和实验目的。

3) 实验对象、器材和药品。

4) 实验步骤。

5) 观察项目。

6) 预期结果。

(2) 学生必须在学期结束前一个月将实验方案写在实验报告本上,送交带教老师审阅和修改。

(3) 学生独立进行实验设计方案的操作,由带教老师给予相应的指导。

(4) 学生独立书写完整的实验记录,对实验内容进行分析并得出结论。

创 新 性 实 验

【实验目的】

充分调动学生的学习主动性、积极性和创造性，并引导学生把所学的理论知识应用于实验的选题与自主设计中。通过自主创造，设计一种机能性实验，在一定的实验条件和范围内，完成从实验项目的选题设计到亲自动手操作全过程，使学到的基础知识与科学实践更好地结合，最终提高学生发现问题、分析问题、解决问题的能力和树立严谨的科学作风与创新精神。

【实验步骤】

1. **立题**　以实验小组为单位，在导师的指导下，根据已学的理论知识，利用图书馆及互联网查阅相关的文献资料，了解国内外研究现状。经过小组集体酝酿、讨论，确立一个既有科学性又有一定创新的机能实验题目。但是，要注意实验方案不可脱离本科室现有的实验条件(仪器设备和试剂药品)，应强调其可操作性。初步选题后，由指导老师对实际方案的目的性、科学性、创新性和可行性进行初审，然后与同学一起对实验方案进行论证和修改。

2. **实验设计的内容与格式**　每实验小组在立题基础上，认真地按照规定格式写出实验的设计方案。具体的内容和格式要求如下：

(1) 实验题目，班级、小组和小组成员姓名。

(2) 立题依据(实验目的、意义，以及欲解决的问题和国内外研究现状)。

(3) 实验动物品种、性别、规格和数量。

(4) 实验器材与药品(器材名称、型号；药品或试剂的名称、剂型和使用量)。

(5) 实验方法与操作步骤(包括手术的具体方法、每个观察项目的具体操作过程，以及设立的观察指标的检测手段)。

(6) 观察项目(附观察这些项目的目的和意义)。

(7) 预期结果(附其理论依据)。

(8) 可能遇到的困难和问题及解决措施。

(9) 注明参阅的文献资料。

3. **实验准备**　学生尽量以学院所能提供的仪器设备和试剂药品来进行创新实验的设计，如果有特殊需要应尽快和导师商量解决方案。学生必须在学期结束前一个月将实验的设计方案按照上述格式打印在 A4 纸上(A4 纸左侧留边，以便装订存档)，送交导师审阅和修改。导师批改后，学生应及时修正设计方案。

4. **预实验**　按照实验设计方案和操作步骤认真进行预实验。在预实验过程中,学生要做好各项实验的原始记录。实验结束后,应及时整理实验结果,分析预实验中存在的问题和需要改进、修改的内容,向导师汇报,并在正式实验时加以更正。

5. **正式实验**　按照修改的实验设计方案和操作步骤认真进行正式实验。实验过程中,记录好实验的原始数据;实验结束后,及时整理、分析实验结果。

6. **实验结果的讨论分析**　对实验数据进行归纳和处理,对实验结果进行详尽的分析,撰写实验报告,汇报实验成果。

7. **评分**　老师根据学生开展的创新性实验的进展情况和结果,从科学性、先进性、创新性及实验完成的质量等多方面进行评分。

【注意事项】

(1) 遵守实验室各项规章制度,不损坏仪器设备,爱护动物。

(2) 创新设计的实验在强调其先进性和创新性的同时应注意可行性,切忌脱离现实实验条件。

(3) 实验过程不得危害人体健康和污染环境。

(4) 对抄袭的实验设计方案,将予以取消学生的实验资格。

附:创新性实验已具备的实验条件

【实验对象】
家兔、蟾蜍、豚鼠。

【实验器材】
生物信号处理系统、生物电信号放大器、桥式放大器、肺量计、电刺激器、心电图机、机械-电换能器、血压换能器、脉搏换能器、呼吸换能器、恒温灌流装置、恒温肌槽、普通天平、各种规格烧杯、量筒、试管、各种规格注射器、常用手术器材、玻璃分针、探针、气管插管、动脉插管、输尿管插管、电信号记录电极、三通管、蛙板、兔板、蛙钉、动脉夹、血压计、听诊器、血糖仪等。

【实验药品】
生理盐水、林格液、台氏液、1%戊巴比妥钠溶液、肝素溶液、乳酸溶液、酚红溶液,肾上腺素、去甲肾上腺素、乙酰胆碱、阿托品、呋塞米(速尿)、垂体后叶素、乙醇、氯化钾、氯化钠、葡萄糖、NaOH、盐酸、硫酸、CO_2、O_2、氯化钙、氯化镁、碳酸氢钠、磷酸二氢钠、磷酸氢二钠、磷酸二氢钾、磷酸氢二钾等。

注:应尽可能在上述提供的品种范围内选择实验动物和实验器材。除了上述基本实验药品供选择外,可根据实验需要提出其他药品,但如遇到无法及时购买药品或试剂时,应及时调整实验内容。